制药分离工程实验

主　编　李再新
副主编　赵　海　罗容珍　张　智

西南交通大学出版社
·成都·

图书在版编目（ＣＩＰ）数据

制药分离工程实验／李再新主编. —成都：西南
交通大学出版社，2016.6（2021.1 重印）
ISBN 978-7-5643-4526-6

Ⅰ. ①制… Ⅱ. ①李… Ⅲ. ①药物－化学成分－分离
－实验－高等学校－教材 Ⅳ. ①TQ460.6-33

中国版本图书馆 CIP 数据核字（2016）第 012232 号

制药分离工程实验

主编　李再新

责 任 编 辑	牛　君	
封 面 设 计	何东琳设计工作室	
出 版 发 行	西南交通大学出版社 （四川省成都市二环路北一段 111 号 　西南交通大学创新大厦 21 楼）	
发行部电话	028-87600564　028-87600533	
邮 政 编 码	610031	
网　　　址	http://www.xnjdcbs.com	
印　　　刷	四川森林印务有限责任公司	
成 品 尺 寸	185 mm × 260 mm	
印　　　张	9.75	
字　　　数	241 千	
版　　　次	2016 年 6 月第 1 版	
印　　　次	2021 年 1 月第 3 次	
书　　　号	ISBN 978-7-5643-4526-6	
定　　　价	24.00 元	

课件咨询电话：028-81435775
图书如有印装质量问题　本社负责退换
版权所有　盗版必究　举报电话：028-87600562

前　言

　　制药分离工程实验是制药工程专业重要的实验课程，也是制药分离工程理论课程的配套实验。制药分离工程可视为制药的下游加工过程，无论是化学合成、生物技术制备或中药提取而获得的上游原料药，都必须通过提取、浓缩、除杂和纯化等分离步骤才能实现药物的产品化。因此，制药分离工程是制药技术转化为生产力不可缺少的重要环节。

　　通过制药分离工程实验，可将课程理论与实践训练有机地结合起来，使学生能充分体会和理解分离工程在制药过程中的重要性和意义，理解药品质量及其控制与制药分离技术之间的关系，同时掌握制药分离工程的技术方法、操作技能等知识环节。

　　本教材根据教学大纲的要求，结合我校制药工程专业多年的教学实践，并吸取其他兄弟院校相关实验教学经验编写而成。本书共分两部分、五章，其中基础理论部分包括两章，实验部分按照药物的来源又分为化学制药分离工程实验、生物制药分离工程实验和中药制药分离工程实验三章，共收录实验47个。书中编写的实验比实际教学课时能完成的实验多，因各专业方向、各校的情况不同，这样做的目的是使本书可选用范围更宽，选用本书的院校可根据实际情况选择相应的实验进行教学。

　　本书编者由多年从事制药工程理论教学和实验教学的老师组成。由李再新任主编，其他编者包括赵海、罗容珍、张智、江海霞等。各位编者在编写和修订过程中付出了辛勤的劳动，在此一并表示感谢！本书的出版得到了四川理工学院教材出版项目的资助，在此表示衷心的感谢！

　　由于编写时间、编者水平等有限，书中存在的错误和疏漏之处恳请专家和读者批评指正。

编　者

2015 年 10 月

目　录

第一部分　基础理论

第二部分　实验部分

第一部分

基础理论

第一章　绪　论

一、本教材的编写目的

制药分离工程是制药工程的专业基础，其主要内容是研究药物的提取、分离与纯化的理论与技术。现代药物包括了化学合成药物、生物工程药物、中药及天然药物，所以制药分离工程实验教材既涉及化学药物、生物药物领域，也涉及中药、天然药物领域，集成了这三个领域制药分离的原理与技术。制药分离工程实验教材编写的目的，是通过实验培养学生良好的专业素养，启发其创新思维，同时也是训练学生动手实践能力的重要环节。

二、本教材的主要内容

1. 教材内容的选择

结合制药分离工程实验的各种重要的基础知识和基本操作技能，选择较成熟的、在基本操作和过程类型等方面具有代表性的实验，如萃取分离、沉淀分离、吸附及色谱分离纯化、生物工程药物和天然药物的提取、分离纯化等实验。

2. 教材内容的分布

将化学合成药物、生物工程药物、中药及天然药物相关实验有机地结合，并将制药分离原理及技术与具体实验相结合。如涉及萃取分离原理的实验，既有生物工程药物和天然药物的液-液萃取，也有化学合成药物的固-液萃取纯化等实验。

3. 教材内容的布局

根据实验原理及操作的不同，每一部分的实验分别选取了一般验证性实验、综合性实验和设计性实验三种类型。一般验证性实验作为基本实验，使学生掌握制药分离工程实验的基本操作和原理；综合性实验作为提高实验，使学生能够综合运用已学的理论知识解决较为复杂的实践问题；设计性实验主要鼓励学生独立思考、大胆创新，培养其独立解决问题的能力。

三、教材特色

（1）制药分离工程实验是制药工程专业实践教学的重要环节。本书面向制药工程专业学生，作为制药工程专业实验平台建设的配套教材，填补了该方面的空白。

（2）本教材内容选择依据实验教学和实验室平台建设的特点，以综合实验技能和制药分离理论为中心，从化学合成药物、生物工程药物、中药及天然药物三个领域选择实验，并将三者有机结合，既保留了制药分离工程的学科特色，又注重学科专业方向的交叉。

（3）本实验教材重基础与技能、兼顾综合与创新设计，建立了多层次的实验课程内容，即一般验证性实验、综合性实验和设计性实验。这样多层次的实验安排，既有利于培养学生的基本实验操作能力，帮助其建立扎实的理论基础，又可以对学生进行综合能力的培养，同时还有利于对学生创新能力、独立思考能力的培养。

（4）本教材内容涉及不同的实验方法、实验技术以及相关仪器、设备的应用，有利于学生全面了解和掌握各种制药分离技术以及相关仪器、设备的特点。同时本教材内容及实验项目的选择注重突出工程背景，注重能力培养，理论联系实际，符合制药工程专业人才培养的需要。

（5）本教材作为学生实验配套教材，不仅完善了制药工程专业及制药分离工程学科的课程体系，同时还可以作为教师、制药及相关企业员工的辅助资料使用。

第二章 制药分离工程实验基本知识

第一节 制药分离过程的基本原理

一、固-液萃取（浸取）

萃取是分离液体（固体）混合物的一种单元操作，是利用原料中不同组分在溶剂中溶解度的差异，选择一种或多种溶剂作为萃取剂，用来溶解原料混合物中待分离的组分，其余组分则不溶或少溶于萃取剂中，这样在萃取操作中原料混合物中待分离的组分从一相转移到另外一相中，从而使原料被分离。因此，萃取属于传质过程。

当以液态溶剂为萃取剂，而被处理的原料为固体时，则称此操作为固-液萃取，又称浸取或浸出。药材的浸取过程一般认为由湿润、渗透、解析、溶解及扩散、置换等几个相互联系的作用综合组成。药材中有效成分一般存在于细胞内，故在浸提过程中，溶剂首先通过浸润与渗透进入药材组织中，溶解有效成分。提取剂溶解有效成分后，形成的浓溶液具有较高的渗透压，从而形成扩散点，其溶解的成分将不停向周围扩散以平衡其渗透压，形成传质推动力，这样有效成分从高浓度地方向低浓度地方扩散，呈现传质现象。

常见的浸取方法包括浸渍法、煎煮法、渗漉法、回流法和水蒸气蒸馏法等，可根据药材成分及浸取溶剂等的性质加以选择。

二、液-液萃取

当萃取过程以液态溶剂为萃取剂，同时被处理的原料混合物也为液体时，则称此操作为液-液萃取，也常称有机溶剂萃取。液-液萃取是化工和冶金工业常用的分离提取技术，在医药工业中应用也很广泛。液-液萃取过程中常用有机溶剂作为萃取剂，溶剂萃取是通过溶质在两个液相之间的溶解度不同而实现的。

液-液萃取是分离均相液体混合物的单元操作之一。利用液体混合物中各组分在某溶剂中溶解度的差异，从而达到使混合物分离的目的。所选用溶剂称为萃取剂（S），混合液中被分离出的组分称为溶质（A），原混合液中与萃取剂不互溶或仅部分互溶的组分称为原溶剂（B）。操作完成后所获得的以萃取剂为主的溶液称为萃取相（E），而以原溶剂为主的溶液称为萃余相（R）。除去萃取相中的萃取剂后得到的液体称为萃取液（E′），同样，除去萃余相中的溶剂后得到的液体称为萃余液（R′）。可见，萃取操作包括下列步骤：① 原料液（A+B）与萃取剂（S）混合接触；② 萃取相（E）与萃余相（R）分离；③ 从两相中分别回收溶剂而得到产品 E′、R′。

在溶剂萃取中，萃取剂与溶质之间如果通过发生化学反应生成复合分子而实现溶质向萃取相的分配，则称为化学萃取。萃取过程大多数为物理传质过程，少量伴有化学反应。

工业萃取操作有单级萃取和多级萃取两种方式，多级萃取又可分为多级错流萃取和多级逆流萃取。多级错流萃取是将原料液依次通过各级，新鲜溶剂分别加入各级的混合槽中，萃取相和最后一级的萃余相分别进入溶剂回收设备。错流萃取每级均加新鲜溶剂，故溶剂消耗量大，得到的萃取液中产物平均浓度较低，但萃取较完全。多级逆流萃取则是原料料液走向和萃取剂走向相反，只在最后一级中加入萃取剂。与多级错流萃取相比，逆流萃取消耗的萃取剂少，萃取液中产物平均浓度高，产物回收率较高。因此，工业上多采用多级逆流萃取流程。

三、超临界流体萃取

超临界流体（Supercritical Fluid, SCF）是指状态超过气液共存时的最高压力和最高温度下物质特有的临界点后的流体。超临界流体是物质介于气体和液体之间的一种特殊的聚集状态。稳定的纯物质几乎都存在超临界状态。超临界流体在密度上接近液体，因此，对固体、液体的溶解度也与液体接近，密度越大，相应的溶解能力也越强；同时，超临界流体在黏度上接近气体，扩散系数比液体大 100 倍，因此渗透性极佳，能够更快地完成传质过程而达到平衡，从而实现高效分离。而超临界萃取（Supercritical Fluid Extraction，SFE）就是利用流体在临界点附近所具有的特殊溶解性能而进行的一种萃取分离过程。

超临界流体萃取的特点：

（1）由于超临界流体的溶解能力随着其密度的增加而提高，因此，通过改变超临界流体的密度，就可以实现待分离组分的萃取与分离。

（2）在接近临界点处只要温度和压力有微小的变化，超临界流体的密度和溶解度都会有较大变化。

（3）萃取过程完成后，超临界流体由于状态的改变，很容易从待分离成分中较彻底地脱除，不对产品造成污染。

（4）超临界流体萃取技术所选用的萃取剂，其临界温度温和并且化学稳定性好，无腐蚀性，因此特别适用于提取热敏性或易氧化的成分。

（5）溶剂循环密封使用，避免了对外界的污染，环境友好。

（6）超临界流体萃取需在相应的高压设备中完成，对设备要求高。

所选的超临界流体必须满足如下条件：一是具有良好的溶解性能；二是具有良好的选择性。具体要求：

（1）作为超临界流体萃取剂，应该化学稳定性好，无毒、无腐蚀，不易燃、不易爆。

（2）超临界流体的操作温度尽量接近常温，从而节约能源，操作温度低于待分离成分的分解温度。

（3）超临界流体的操作压力尽可能低，以降低动力消耗。

（4）对于待分离组分要有较高的选择性和较高的溶解度。

（5）来源广泛、价格便宜。

（6）尽量选用环境友好型溶剂。

四、双水相萃取技术

双水相体系是指某些高聚物之间或高聚物与无机盐之间，在水中以适当的浓度溶解后形成的互不相溶的两相或多相水相体系。高聚物-高聚物-水体系的形成主要依靠高聚物之间的不容性，即高聚物分子的空间阻碍作用，促使其分相；高聚物-盐-水体系一般认为是盐析作用的结果。双水相萃取与水-有机相萃取的原理相似，都是依据物质在两相间的选择性分配，但萃取体系的性质不同。当物质进入双水相体系后，由于表面性质、电荷作用和各种力（如憎水键、氢键和离子键等）的存在和环境因素的影响，其在上、下相中的浓度不同。分配系数 K 等于物质在两相中的浓度比，由于各种物质的 K 值不同，可利用双水相萃取体系对物质进行分离。

双水相体系萃取具有如下特点：

（1）含水量高（70%～90%），在接近生理环境的温度和体系中进行萃取，不会引起生物活性物质失活或变性。

（2）分相时间短，自然分相时间一般为 5～15 min。

（3）界面张力小（10^{-7}～10^{-4} mN/m），有助于强化不同相之间的质量传递。

（4）不存在有机溶剂残留问题。

（5）大量杂质能与所有固体物质一同除去，使分离过程更经济。

（6）易于工程放大和连续操作。

由于双水相萃取具有上述优点，因此，被广泛用于生物化学、细胞生物学和生物化工等领域的产品分离和提取。

五、非均相分离

物系内部有隔开两相的界面存在且界面两侧的物料性质截然不同的混合物称为非均相物系。非均相物系的分离方法常用的有过滤和沉降。由于分散相和分散介质的密度不同，分散相粒子在力场（重力场或离心力场）作用下发生定向运动。沉降的结果是使分散体系发生相分离，可利用悬浮在流体（气体或液体）中的固体颗粒下沉而与流体分离。利用悬浮的固体颗粒本身的重力而获得分离的称为重力沉降（Gravitational Settling）。利用悬浮的固体颗粒的离心力作用而获得分离的称为离心沉降（Centrifugal Settling）。

过滤是最常用的固液分离方法，是利用重力或人为造成的压差使悬浮液通过某种多孔性过滤介质，将悬浮液中的固、液两相有效地加以分离的过程。其本质上是流体流过固体颗粒床层的流动。其过程推动力为压差，在压差的作用下，悬浮液中的液体穿过过滤介质，得到滤液，而悬浮液中的固体颗粒则被截留于过滤介质（滤布）上，逐渐形成滤饼，从而使固体颗粒与滤液分离。

在过滤操作过程中，随着饼层的形成，清液在同固体颗粒分离时，将受到过滤介质、滤饼层性质等多种因素的影响。一般来讲，过滤速度由过滤压差及过滤阻力决定，而过滤阻力则由滤布阻力和滤饼阻力两部分组成。这其中固体颗粒对流动提供了很大的阻力，一方面使流体沿床截面的速度分布均匀；另一方面又造成了很大的压降，后者是工程技术人员感兴趣的。过滤过程的特点：流体通过过滤介质和滤饼空隙的流动是流体经过固定床流动的一种具体情况。因流体通过颗粒层的流动多为爬流状态，故单位体积床内层所具有的颗粒表面积对流动阻力起决定性的作用。

六、蒸馏技术

蒸馏是利用各组分的挥发度（沸点）不同而分离均相液体混合物的一种广泛应用的技术。蒸馏分为简单蒸馏、精馏、特殊精馏三种。简单蒸馏就是在蒸馏釜中装入一定量的混合液，在一定压力下，利用间接饱和水蒸气加热到沸腾，使混合液中的易挥发组分得以部分汽化的过程。简单蒸馏只能使混合液部分分离，在工业生产中一般用于混合液的初步分离、粗分离或用来除去混合液中不挥发的物质。若要求得到高纯度的产品，则必须进行精馏操作，利用液体混合物在一定压力下各组分挥发度不同的性质，在塔内经过多次部分汽化与多次部分冷凝，使各组分得以完全分离。

用普通精馏方法还无法分离或难以分离的混合物可考虑采用特殊精馏。特殊精馏方法包括恒沸精馏和萃取精馏。恒沸精馏是在被分离的恒沸液中加入第三组分，该组分与原料液中的一个或两个组分形成新的恒沸液，从而使原混合液能够通过一般精馏方法进行分离。萃取精馏是在被分离的混合液中加入第三组分萃取剂，使之与混合液中的某一组分形成沸点较高的溶液，从而加大被分离组分间的相对挥发度，使混合液易于用一般精馏方法分离。除特殊精馏外，一些较新型的精馏技术，如分子精馏、真空精馏等的应用也在不断地深入和扩大。

七、膜分离

膜分离技术，是借助于一定孔径的薄膜，将不同大小、不同形状和不同特性的物质颗粒或分子进行分离、提纯或浓缩的新型分离技术。它已被公认为 21 世纪极具发展前途的生产技术，也是世界各国研究的热点。除了制药行业，膜分离还广泛应用于生物工程、化学、饮料、海水淡化、资源再生等领域。

常规的膜分离是采用天然或人工合成的选择性透过膜作为分离介质，在浓度差、压力差或电位差等推动力的作用下，原料中的溶质或溶剂选择性地透过膜而进行分离、分级、提纯或富集。通常原料一侧称为膜上游，透过一侧称为膜下游。膜分离法可以用于液-固（液体中的超细微粒）分离、液-液分离、气-气分离以及膜反应分离耦合和集成分离技术等方面。其中液-液分离包括水溶液体系、非水溶液体系、水溶胶体系以及含有微粒的液相体系的分离。不同的膜分离过程所使用的膜不同，而相应的推动力也不同。目前已经工业化的膜分离过程包括微滤（MF）、反渗透（RO）、纳滤（NF）、超滤（UF）、渗析（D）、电渗析（ED）、气体分离（GS）和渗透汽化（PV）等，而膜蒸馏（MD）、膜基萃取、膜基吸收、液膜、膜反应器和无机膜的应用等则是目前膜分离技术研究的热点。

根据材料的不同，膜可分为无机膜和有机膜。无机膜只有微滤级别的膜，主要是陶瓷膜和金属膜；有机膜是由高分子材料做成的，如醋酸纤维素、芳香族聚酰胺、聚醚砜、聚氟聚合物等。依据其孔径的不同（或称为截留分子量），可将膜分为微滤膜、超滤膜、纳滤膜和反渗透膜等。

膜分离操作有死端操作和错流操作两种方式。死端操作是使所有原料液强制通过膜，原料液流向与膜面垂直。膜面被截流组分不断增加，渗透通量不断减少。死端操作目标物回收率高，但渗透通量衰减严重。微滤常采用该方式。错流操作则是使原料进入膜组件，平行流过膜表面。沿膜组件不同位置，原料组成逐渐变化。错流操作有利于控制膜污染，绝大多数膜分离采用该种方式。

膜分离单元操作装置称为膜组件，常用的膜组件有板框式膜组件、螺旋卷式膜组件、管式膜组件和中空纤维式膜组件等。当待分离的混合物料流过膜组件孔道时，某组分可穿过膜孔而被分离。通过测定料液浓度和流量可计算被分离物的脱除率、回收率及其他有关数据。

八、吸　附

吸附是指流体（气体或液体）与固体多孔物质接触时，流体中的一种或多种组分传递到多孔物质外表面和微孔内表面，并附着在这些表面上，形成单分子层或多分子层的过程。其中：被吸附的流体称为吸附质；多孔固体颗粒称为吸附剂，是具有很大比表面积的多孔结构。吸附达到平衡时，吸附剂内的流体称为吸附相，剩余的流体本体相称为吸余相。

与吸附相对应的逆向过程称为解吸，即被吸附的溶质从吸附剂上洗脱下来。依靠吸附、解吸过程进行物质分离的操作称为吸附分离。

根据吸附质与吸附剂表面分子间结合力的性质，吸附可分为物理吸附和化学吸附。物理吸附由吸附质与吸附剂分子间引力所引起，结合力较弱，吸附热比较小，容易脱附，如活性炭对气体的吸附。化学吸附则由吸附质与吸附剂间的化学键所引起，犹如化学反应。吸附常是不可逆的，吸附热通常较大，如气相催化加氢中镍催化剂对氢的吸附。在化工生产中，吸附专指用固体吸附剂处理流体混合物，将其中所含的一种或几种组分吸附在固体表面，从而使混合物组分分离，是一种属于传质分离过程的单元操作，所涉及的主要是物理吸附。吸附分离广泛应用于化工、石油、食品、轻工和环境保护等领域。

当液体或气体混合物与吸附剂长时间充分接触后，系统达到平衡，吸附质的平衡吸附量（单位质量吸附剂在达到吸附平衡时所吸附的吸附质的量），首先取决于吸附剂的化学组成和物理结构，同时与系统的温度和压力以及该组分和其他组分的浓度或分压有关。对于只含一种吸附质的混合物，在一定温度下吸附质的平衡吸附量与其浓度或分压间的函数关系的曲线，称为吸附等温线。对于压力不太高的气体混合物，惰性组分对吸附等温线基本无影响；而液体混合物的溶剂通常对吸附等温线有影响。同一体系的吸附等温线随温度而改变，温度越高，平衡吸附量越小。当混合物中含有几种吸附质时，各组分的平衡吸附量不同，被吸附的各组分浓度之比，一般不同于原混合物组成，即分离因子（见传质分离过程）不等于 1。吸附剂的选择性越好，越有利于吸附分离。分离只含一种吸附质的混合物时，过程最为简单。当原料中吸附质含量很低，而平衡吸附量又相当大时，混合物与吸附剂一次接触就可使吸附质完全被吸附。吸附剂经脱附再生后可循环使用，同时得到吸附质产品。但是工业上经常遇到的一些情况是混合物料中含有几种吸附质，或是吸附剂的选择性不高，平衡吸附量不大，若混合物与吸附剂仅进行一次接触不能满足分离要求，或吸附剂用量太大，必须用多级的或微分接触的传质设备。

九、离子交换

应用合成的离子交换树脂等离子交换剂作为吸附剂，将溶液中的物质，依靠库仑力吸附在树脂上，发生离子交换过程后，再用合适的洗脱剂将吸附物从树脂上洗脱下来，达到分离、浓缩、提纯的目的。

离子交换树脂是一种具有活性交换基团的不溶性高分子共聚物，由惰性骨架、固定基团、可交换离子组成。其主体骨架由高分子碳链构成，是一种三维的海绵不规则网状结构；固定基团是连接在骨架上的功能基团；可交换离子是活性基团所携带的带相反电荷的离子。

离子交换分离包括：① 带相反电荷的离子从溶液主体扩散到树脂颗粒外表面（膜扩散、外扩散）；② 离子经微孔扩散到树脂内表面的活性基团上（颗粒分散、内扩散）；③ 离子在活性基团上进行离子交换反应；④ 被置换下来的离子从树脂微孔扩散到颗粒外表面；⑤ 被置换下来的离子从颗粒外表面扩散到溶液主体。

工业上离子交换操作方式常分为静态交换和动态交换。① 静态交换：操作简单，但是分批操作，交换不完全。② 动态交换：交换、洗脱、再生等步骤均在离子交换柱内进行，也称为离子交换层析法。操作连续、交换完全，适用于多组分分离。动态交换又分为固定床式和模拟移动床式。

十、色谱分离过程

色谱法（或称层析法，Chromatography）是分离、纯化和鉴定多组分混合物的重要方法之一。1906 年，俄国植物学家 Tsweet 将碳酸钙装在竖立的玻璃柱中，从顶端倒入植物色素的石油醚浸取液，并用石油醚冲洗，在柱的不同部位形成色带，因而将其命名为色谱。色谱法不断发展，不仅用于有色物质的分离，而且大量用于各类物质的分离，色谱名词仍沿用至今。

色谱分离过程的实质是溶质在不互溶的固定相和流动相之间进行的一种连续多次的交换过程，它借助溶质在两相间分配行为的差别而使不同的溶质分离。当流动相推动多成分混合物中的组分通过固定相时，由于不同的组分在流动相和固定相中有着不同的分配，在流动过程中进行多次分配，从而形成差速移动，达到分离。不同组分在色谱过程中的分离情况取决于各组分在两相间的分配系数、吸附能力、亲和力等是否有差异。

色谱分离的特点：① 应用范围广；② 分离效率高；③ 操作模式多样，可选操作参数多；④ 在线检测快速、灵敏度高；⑤ 分离过程自动化操作。

色谱分离的分类。

（1）按两相状态分类：① 气体为流动相的色谱称为气相色谱（GC），根据固定相是固体吸附剂还是固定液（附着在惰性载体上的一薄层有机化合物液体），又可分为气-固色谱（GSC）和气-液色谱（GLC）。② 液体为流动相的色谱称液相色谱（LC）。同理，液相色谱也可分为液-固色谱（LSC）和液-液色谱（LLC）。

（2）按固定相形状分类：① 柱色谱：填充柱色谱和毛细管柱色谱；② 平面色谱：纸色谱、薄层层析和薄膜色谱。

（3）按作用机理分类：① 吸附色谱；② 分配色谱；③ 离子交换色谱；④ 凝胶色谱（空间排阻色谱）。

第二节　实验室安全防护

一、实验室安全

1. 实验室常用危险品

（1）可燃气体：氢气、甲烷、乙烯、液化石油气、一氧化碳等。
（2）可燃液体：乙醚、丙酮、汽油、苯、乙醇等。
（3）可燃性固体：石蜡、镁粉、合成纤维、三硫化磷、五硫化磷等。
（4）爆炸性物质：过氧化物、硝基化合物、亚硝基化合物、乙炔等。
（5）遇水燃烧物质：钾、钠、锂及金属氢化物等。
（6）腐蚀性物质：强酸、强碱等。
（7）有毒物品：芳香类化合物、醇类化合物、苯胺、氯气、酸类蒸气、亚硝基胍等。

2. 水、电、蒸汽的正确使用

（1）实验室用水：自来水、去离子水、蒸馏水、重蒸馏水。
（2）废水排放：有毒废水应按有关规定进行处理。
（3）实验室用电：电气设备接地，安装漏电保护，严禁湿手接触电器按钮，特殊设备要专人负责。
（4）蒸汽的正确使用：根据要求选择蒸汽压力和用量。

3. 实验室防火防爆

可燃化学物质气体（蒸汽）爆炸极限：氢 4%；一氧化碳 12.5%；氨 16%；乙烯 3.1%；苯 1.4%；乙醇 3%；乙醚 1%。

做实验时要严格按照操作规程进行，防止可燃性气体或蒸气逸散在室内空气中，保持室内通风良好。当大量使用可燃性气体时，应严禁使用明火和可能产生电火花的电器。强氧化剂和强还原剂必须分开存放，使用时轻拿轻放，远离热源。

二、实验室规则

（1）每个同学都应该自觉地遵守课堂纪律，维护课堂秩序，不迟到，不早退，保持室内安静，不大声谈笑。
（2）在实验过程中要听从教师的指导，严肃认真地按操作规程进行实验，并简要、准确地将实验现象、实验结果和数据记录在实验记录本上。完成实验后经教师检查同意，方可离开。课后写出简要的报告，由课代表收齐，交给教师。
（3）环境和仪器的清洁整齐是做好实验的重要条件。实验台面、试剂、药品架上必须保持整洁，仪器、药品要井然有序。公用试剂用毕应立即盖严，放回原处。勿使试剂、药品洒在实验台面和地上。实验完毕，需将药品、试剂排列整齐，仪器要洗净倒置放好，将实验台面抹拭干净，经教师验收仪器后，方可离开实验室。
（4）使用仪器、药品、试剂和各种物品必须注意节约，不要使用过量的药品和试剂。应特别注意保持药品和试剂的纯净，严防混杂污染。不要将滤纸和称量纸做其他用途。使用和洗涤仪器时，应小心仔细，防止损坏仪器。使用贵重精密仪器时，应严格遵守操作规程，发现故障立即报告，不要自己动手检修。要爱护公共财产，厉行节约。

（5）废弃液体都应倒入指定的废液缸内，不能倒入水槽或随处乱倒。

（6）仪器损坏时，应如实向实验老师报告，认真填写损坏仪器登记表，然后补领。

（7）实验室内一切物品，未经本实验室负责人批准，严禁携出室外，借物必须办理登记手续。

（8）每次实验课由班长安排同学轮流值日，值日生要负责当天实验室的卫生、安全等工作。

第二部分

实验部分

第三章 化学制药分离工程实验

实验1 从茶叶中提取咖啡碱

一、实验目的

（1）了解固-液萃取的基本原理和方法。
（2）掌握用脂肪提取器提取有机物的原理和方法。

二、实验原理

茶叶中含有咖啡碱，另外还含有丹宁酸、色素、纤维素、蛋白质等。为了从茶叶中提取咖啡碱，可用适当的溶剂（乙醇）在脂肪提取器中连续萃取，然后蒸去溶剂，即得粗咖啡碱。粗咖啡碱中的一些其他生物碱和杂质可利用升华进一步提纯。

三、试剂与仪器

1. 试 剂

乙醇（95%）、生石灰。

2. 仪 器

脂肪提取器、冷凝管、烧杯、圆底烧瓶、电炉、石棉网、漏斗、滤纸、铁架台（带铁圈、铁夹）等。
实验装置如图3.1所示。

四、实验步骤

萃取→蒸馏→焙烧→升华

1. 萃 取

称取研细的茶叶10 g，放入脂肪提取器的滤纸套筒中，用110 mL 95%乙醇连续提取，虹吸2~3次，停止加热。

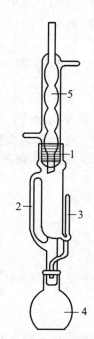

图3.1 固-液萃取实验装置
1—提取筒；2—通蒸汽管；
3—虹吸管；4—提取瓶；
5—回流冷凝管

15

2. 蒸 馏

稍冷却，改成蒸馏装置，回收提取液中的乙醇，得墨绿色浓缩液。

3. 焙 烧

将浓缩液倒入蒸发皿中，拌入 5 g 生石灰粉，放在石棉网上，用小火焙烧至干砂状。

4. 升 华

冷却后，将玻璃漏斗罩在隔以刺有许多小孔的滤纸的蒸发皿上。当滤纸上出现许多白色针状结晶时，停止加热，自然冷却后，揭开滤纸，用刮刀将纸上和器皿周围的咖啡碱刮下。称重[①]并测定熔点。

五、实验记录

记录实验现象及咖啡碱状态。

六、注意事项

（1）滤纸套筒的底部应封紧，避免茶叶末泄露，套筒上部应盖上滤纸片，滤纸套筒的直径应小于萃取室的直径，套筒的高度应低于支管口。

（2）蒸馏时不能蒸干。

（3）生石灰应研细，使其充分吸水。

（4）滤纸上的小孔大小应合适，且应使大孔一面向下，控制好温度，让咖啡碱充分升华。

七、思考题

（1）脂肪提取器提取的优点是什么？

（2）本实验为什么选用乙醇做萃取剂？

（3）生石灰的作用是什么？

（4）简述固-液萃取的思路。

[①] 此处的"重"实为质量，包括后文的干重、湿重、重量等。因现阶段我国农、林、生、化等行业的生产实践中一直沿用，为使学生了解、熟悉科研与生产实际，本书予以保留。 ——编者注

实验 2 苯甲酸的萃取分离

一、实验目的

（1）掌握萃取分离的原理和方法。
（2）熟悉萃取塔操作的步骤。

二、实验原理

本实验中苯甲酸为溶质，煤油为溶剂，水为萃取剂。即采用水为萃取剂萃取原来溶解在煤油中的苯甲酸，以实现煤油与苯甲酸的分离。原来萃取剂水中不含苯甲酸，萃取过程完成后，由于苯甲酸从油相转移进入水相，萃取液水相的 pH 下降，用 pH 的大小来衡量萃取的效果。萃取液的 pH 越小，萃取效果越好。

三、试剂与仪器

1. 试　剂
苯甲酸、煤油。

2. 仪　器
本实验装置如图 3.2 所示，主要设备为振动式萃取塔，或称往复振动筛板塔。往复振动筛板塔是一种外加能量的高效液-液萃取设备。振动塔上下两端各有一扩大沉降室，其作用是延长两相在沉降室内的停留时间，从而有利于实现两相的分离。在萃取区有一系列的筛板固定在中心轴上，中心轴由塔顶外的曲柄连杆机构与电机连接，用于驱动。筛板以一定的频率与振幅做上下往复运动，当筛板向上运动时，筛板上侧的液体通过筛孔向下喷射；当筛板向下运动时，筛板下侧的液体通过孔向上喷射。两相液体处于高度湍动状态，不断分散并推动液体上下运动（在这样的过程中实现萃取操作），直至在扩大的沉降室实现两相的分离。

所用设备及仪器规格如下：
（1）萃取塔：塔径为 35 mm，有效高度 1.10 m，内装 20 块塔板；
（2）转子流量计 LZB-4　1.6～16 L/h，LZB-4　1～10 L/h；
（3）STS 直流调速电源。

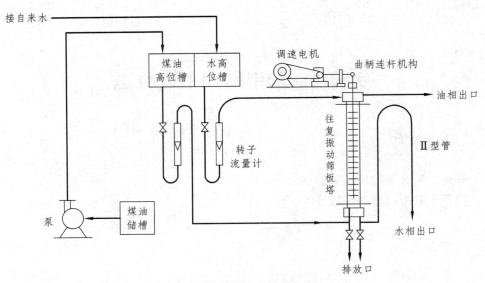

图 3.2　液-液萃取实验装置

四、实验步骤

1．确定外加能量对萃取效果的影响

（1）打开进水阀门，向水高位槽中注水；

（2）将苯甲酸与煤油以一定比例混合，加入煤油储槽，再用泵送至煤油高位槽；

（3）先在塔中灌满连续相——水，再开启分散相——煤油，待分散相在塔顶凝聚一定厚度的液层后，调节连续相的界面于一定的高度；

（4）采用数字显示 pH 计测定水槽中水的 pH；

（5）采用数字显示 pH 计，测定不同频率（可通过电压调节）或不同振幅（可通过曲柄连杆机构调节）下水相出口 pH（一种操作条件下稳定 5 min 后再取样测量）。

2．观察液泛现象

固定连续相或分散相流量，加大分散相或连续相流量，观察萃取时的液泛现象。

五、思考题

（1）在萃取过程中选择连续相及分散相的原则是什么？

（2）本实验为什么不宜用水作为分散相，若用水作为分散相，操作步骤是什么？

（3）两相分层分离段应设在塔顶还是塔底？

（4）重相出口为什么采用Ⅱ形管，Ⅱ形管的高度是怎么确定的？

实验 3　超临界二氧化碳流体萃取植物油

一、实验目的

使学生了解超临界二氧化碳流体萃取植物油的基本原理和超临界二氧化碳流体萃取装置的操作技术。

二、实验原理

超临界萃取技术是现代化工业分离中出现的最新学科，是目前国际上兴起的一种先进的分离工艺。超临界流体是指热力学状态处于临界点 CP（p_c、T_c）之上的流体，临界点是气、液界面刚刚消失的状态点。超临界流体具有十分独特的物理-化学性质，它的密度接近于液体，黏度接近于气体，而扩散系数大、黏度小、介电常数大等特点，使其分离效果较好，是很好的溶剂。超临界萃取即高压、合适温度下在萃取缸中溶剂与被萃取物接触，溶质扩散到溶剂中，再在分离器中改变操作条件，使溶解物质析出以达到分离目的。超临界装置由于选择了 CO_2 介质作为超临界萃取剂，具有以下特点：

（1）操作范围广，便于调节。

（2）选择性好，可通过控制压力和温度，有针对性地萃取所需成分。

（3）操作温度低，在接近室温条件下进行萃取，对热敏性成分尤其适宜；萃取过程中排除了遇氧氧化和见光反应的可能性，萃取物能够保持其自然风味。

（4）从萃取到分离一步完成，萃取后的 CO_2 不残留在萃取物上。

（5）CO_2 无毒、无味、不燃、价廉易得，且可循环使用。

（6）萃取速度快。

近几年来，超临界萃取技术在国内外得到迅猛发展，先后在啤酒花、香料、中草药、油脂、石油化工、食品保健等领域实现工业化。

三、试剂与仪器

1. 试　剂

二氧化碳气体（纯度 $\geqslant 99.9\%$）、山核桃仁、松籽、亚麻籽、正己烷、无水乙醇（分析纯）、氯仿（分析纯）、硼酸（分析纯）、氢氧化钠（分析纯）、石油醚（分析纯）、丁基羟基茴香醚、没食子酸丙酯、生育酚、油酸、亚油酸、亚麻酸、硫酸钾、乙酸乙酯、氢氧化钾、β-环糊精、亚硝酸钠、钼酸铵、氨水、无水乙醚。

2. 仪　器

超临界二氧化碳流体萃取装置、天平、水浴锅、筛子、烘箱、粉碎机、索氏提取器。

四、实验步骤

1. 原料预处理

取 700 g 核桃仁（或松籽、葵花籽），用多功能粉碎机破碎成 4 ~ 10 瓣，利用木辊将预备好的颗粒状料轧成薄片（0.5 ~ 1 mm 厚）。在 105 ℃ 下分别加热 0，20，30，40 min，将其粉碎，过 20 目筛。

2. 萃 取

取过 20 目筛后 600 g 核桃仁（或松籽、南瓜籽），加入萃取釜（E）。CO_2 由高压泵（H）加压至 30 MPa，经过换热器（R）加热至 35 ℃ 左右，使其成为既具有气体的扩散性而又有液体密度的超临界流体。该流体通过萃取釜萃取出植物油料后，进入第一级分离柱（S_1），经减压至 4 ~ 6 MPa，升温至 45 ℃，由于压力降低，CO_2 流体密度减小，溶解能力降低，植物油便被分离出来。CO_2 流体在第二级分离釜（S_2）进一步经减压，植物油料中的水分、游离脂肪酸便全部析出，纯 CO_2 由冷凝器（K）冷凝，经储罐（M）后，再由高压泵加压，如此循环使用（图 3.3）。

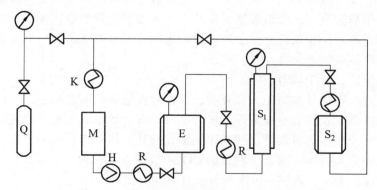

图 3.3 超临界 CO_2 萃取装置工艺流程

Q—CO_2 钢瓶；M—储罐；S_1—第一级分离柱；S_2—第二级分离釜；K—冷凝器；
R—换热器；E—萃取釜；H—高压泵

五、实验结果

（1）测定原料的脂肪、水分含量。
（2）每隔 30 min 从分离器中取出萃取物，并称重。
（3）测定萃取后残渣的脂肪含量。
（4）计算：

$$出油率 = 萃取物重量 / 原料重量$$

$$脂肪萃取率 = \frac{原料中的脂肪重量 - 萃取后残渣中的脂肪重量}{原料中的脂肪重量}$$

（5）测定超临界二氧化碳流体萃取植物油的理化指标：

① 米糠油相对密度（d_4^{20}）；

② 折射率（20 ℃）；

③ 酸价（mg KOH/g）；

④ 色泽。

六、思考题

（1）简述超临界流体的概念。

（2）超临界流体的特性有哪些？

（3）药品加工中采用超临界流体技术，为什么选择二氧化碳？

（4）分离室的操作参数根据什么确定？

实验 4 双水相萃取技术—双水相系统制备

一、实验目的

（1）了解双水相系统成相的方法。

（2）观察双水相系统成相现象。

二、实验原理

双水相系统中使用的双水相是由两种不相溶的高分子溶液或者互不相溶的盐溶液和高分子溶液组成。双水相系统的制备，一般是将两种溶质分别配成一定浓度的水溶液，然后将两种溶液按照不同的比例混合，静止一段时间，当两种溶质的浓度超过某一浓度范围时，就会产生两相。

三、试剂与仪器

1. 试　剂

聚乙二醇（PEG）、硫酸钠（硫酸铵）、墨水（钢笔水）。

2. 仪　器

烧杯、玻璃棒、量筒、分析天平。

四、实验步骤

1. 双水相系统的制备

（1）分别配制浓度为 6 g/100 mL、10g/100 mL、14g/100 mL 聚乙二醇溶液各 50 mL。

（2）配制 50 mL 浓度为 14 g/100 mL 的硫酸钠溶液 3 份。

（3）将不同浓度的聚乙二醇溶液与硫酸钠溶液混合，充分搅拌，静置分层，得到 3 份双水相系统。

2. 观察双水相系统

高浓度双水相系统如不成两相，可定量添加聚乙二醇和硫酸钠的高浓度溶液。

3. 观察双水相系统的萃取现象

向三份双水相系统中分别滴加墨水 1 滴，观察现象。

五、实验结果

（1）计算双水相系统的制备过程中所需聚乙二醇与硫酸钠的浓度。

计算方法：$C(\text{PEG}) = \dfrac{m(\text{PEG})}{V_{总}}$

$$C(\text{Na}_2\text{SO}_4) = \dfrac{m(\text{Na}_2\text{SO}_4)}{V_{总}}$$

（2）记录上相、下相中墨水溶液颜色深浅情况。

六、思考题

（1）简述双水相萃取的原理。
（2）简述双水相萃取系统的特点。
（3）简述双水相萃取技术的优势。

实验 5　重结晶及过滤

一、实验目的

（1）学习重结晶法提纯固体有机化合物的原理和方法。
（2）掌握重结晶的基本操作。
（3）练习普通过滤、抽气过滤和热过滤的操作技术。
（4）练习和掌握固体试剂的取用。
（5）练习和掌握直接加热、固体的溶解和结晶等操作。

二、实验原理

重结晶是纯化固体化合物的重要方法之一。其原理是利用被提纯物质与杂质在某溶剂中溶解度的不同而将其分离纯化的。其主要步骤为：① 将不纯固体样品溶于适当溶剂，制成热的近饱和溶液；② 如溶液含有有色杂质，可加活性炭煮沸脱色，将此溶液趁热过滤，以除去不溶性杂质；③ 将滤液冷却，使被提纯物质结晶析出；④ 抽气过滤，使晶体与母液分离。洗涤、干燥后测熔点，如纯度不符合要求，可重复上述操作。

必须注意，杂质含量过多对重结晶极为不利，影响结晶速率，有时甚至妨碍结晶的生成。重结晶一般只适用于杂质含量在 5%以下的固体化合物。所以在结晶之前应根据不同情况，分别采用其他方法进行初步提纯，如水蒸气蒸馏、萃取等，然后再进行重结晶处理。

重结晶的关键是选择合适的溶剂，理想溶剂应具备以下条件：
（1）不与被提纯物质发生化学反应；
（2）被提纯物质在温度高时溶解度大，而在室温或更低温度时，溶解度小；
（3）杂质在热溶剂中不溶或难溶，在冷溶剂中易溶；
（4）容易挥发，易与结晶分离；
（5）能得到较好的晶体。

除上述条件外，结晶好、回收率高、操作简单、毒性小、易燃程度低、价格便宜的溶剂更佳。常用溶剂有水、乙醇、丙酮、苯等。

三、试剂与仪器

1. 试　剂

粗苯甲酸、蒸馏水、活性炭。

2. 仪　器

烧杯、电热套、保温漏斗、玻璃板、滤纸、电子天平。
本实验所用仪器装置图如图 3.4、图 3.5、图 3.6 所示。

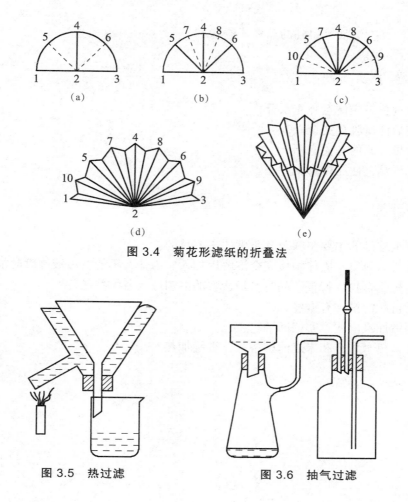

图 3.4　菊花形滤纸的折叠法

图 3.5　热过滤　　　　　　　　图 3.6　抽气过滤

四、实验步骤

（1）称 1 g 粗苯甲酸于 100 mL 烧杯中，加入 40 mL 蒸馏水，加热至沸使其溶解，稍冷，加少量活性炭，继续加热煮沸 5 min。

（2）趁热进行热过滤，冷却，析晶。

（3）完全析晶后，抽滤，洗涤 2～3 次，抽滤至干。

（4）晾干，称重并计算产率。

五、实验中存在的问题

（1）加热溶解固体时，未注意补水，使溶液成为过饱和溶液。

（2）热过滤时在滤纸和漏斗颈上有晶体析出。

（3）活性炭因滤纸破被引入滤液中。

（4）冷却析晶不充分，晶体量太少。

（5）活性炭吸附不充分，得到的晶体发黄。

（6）析晶时搅拌溶液，得到的晶体成渣状。

六、注意事项

（1）加热过程中应注意补充水分。
（2）应使活性炭脱色完全。
（3）注意热过滤的有关问题。
（4）静置析晶，使晶体析出完全。

七、思考题

（1）简述重结晶的主要步骤及各步骤的主要目的。
（2）活性炭为何要在固体物质完全溶解后加入？为什么不能在溶液沸腾时加入？
（3）对有机化合物进行重结晶时，最适宜的溶剂应具备哪些条件？
（4）辅助析晶的措施有哪些？
（5）使用活性炭应注意哪些问题？
（6）为什么热水漏斗和未过滤的溶液要继续加热？

实验 6　简单蒸馏及分馏

一、实验目的

（1）熟悉蒸馏和测定沸点的原理，了解蒸馏和测定沸点的意义。
（2）掌握蒸馏和测定沸点的操作要领和方法。
（3）初步掌握蒸馏装置的装配和拆卸技能。
（4）掌握分馏柱的工作原理和常压下简单分馏的实验操作方法。

二、实验原理

液体的分子由于分子运动有从表面逸出的倾向，这种倾向随着温度的升高而增大。如果把液体置于密闭的真空体系中，液体分子不断逸出而在液面上部形成蒸气，最后分子由液体逸出的速度与分子由蒸气中回到液体中的速度相等，使其蒸汽保持一定的压力，此时液面上的蒸气达到饱和，称为饱和蒸气，它对液面所施加的压力称为饱和蒸气压。

实验证明，液体的蒸气压大小只与温度有关，即液体在一定温度下具有一定的蒸气压（图3.7）。也就是说，液体与它的蒸气平衡时的压力，与体系中存在的液体和蒸气的绝对量无关。

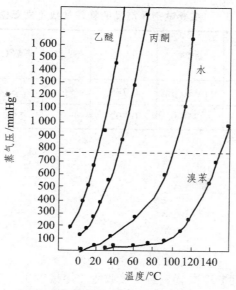

图 3.7　温度与蒸气压关系曲线

注：* 1 mmHg = 133 Pa

当液体的蒸气压增大到与外界施于液面的总压力（通常是指大气压力）相等时，就有大量气泡从液体内部逸出，即液体沸腾。这时的温度称为液体的沸点，纯粹的液体有机化合物在一定的压力下具有一定的沸点（沸程 0.5 ~ 1.5 ℃）。利用这一点，我们可以测定纯液体有

27

机物的沸点。这对于鉴定纯粹的液化有机物有一定的意义。但是具有固定沸点的液体不一定都是纯粹的化合物，因为某些有机化合物常和其他组分形成二元或三元共沸混合物，它们也有一个固定的沸点。

将液体加热至沸腾，使液体变为蒸气，然后使蒸气冷却凝结为液体，这两个过程的联合操作称为蒸馏。蒸馏是提纯液体物质和分离混合物的一种常用方法。通过蒸馏可以将易挥发的物质和不易挥发的物质分离开来，也可将混合液体中各组分的沸点相差 30 ℃ 以上的物质进行分离。

蒸馏和分馏的基本原理是一样的，都是利用有机物的沸点不同，在蒸馏过程中低沸点的组分先蒸出，高沸点的组分后蒸出，从而达到分离提纯的目的。不同的是，分馏是借助于分馏柱使一系列的蒸馏不需多次重复，一次得以完成。简言之，分馏即多次的简单蒸馏。在实验室常采用分馏柱来实现，工业上采用精馏塔。

将几种具有不同沸点而又可以完全互溶的液体混合物加热，当其总蒸气压等于外界压力时，就开始沸腾气化，蒸气中易挥发液体的成分比原混合液中多。在分馏柱内，当上升的蒸气与下降的冷凝液互相接触时，上升的蒸气部分冷凝放出热量，使下降的冷凝液部分气化，两者之间发生了热量交换，其结果是使上升蒸气中易挥发组分增加，而下降的冷凝液中高沸点组分（难挥发组分）增加，如此继续多次，就等于进行了多次的气液平衡，即达到了多次蒸馏的效果。这样靠近分馏柱顶部易挥发组分的所含比例高，而在烧瓶里高沸点组分（难挥发组分）高。这样只要分馏柱足够长，就可将这些组分完全彻底分开。

本实验所用主要试剂及产品的物理常数如表 3.1 所示。

表 3.1　主要试剂及产品的物理常数（文献值）

名称	分子量	性状	折光率	比重	熔点/℃	沸点/℃	溶解度：g/100 mL 溶剂		
							水	醇	醚
乙醇	46.07	液体	1.360 0	0.785	−144	78	∞	∞	∞
丙酮	58.08	液体	1.358 9	0.792	−95	56	∞	∞	∞

三、试剂与仪器

1. 试　剂

95%乙醇、丙酮。

2. 仪　器

圆底烧瓶、蒸馏头、直形冷凝管、真空接收管（尾接管）、锥形瓶、温度计导管、温度计（100 ℃）、橡皮管等。

四、实验步骤

简单蒸馏操作（样品：95%的乙醇）。

1. 加 料

将待蒸乙醇通过玻璃漏斗小心倒入蒸馏瓶中，不要使液体从支管流出。加入几粒沸石，塞好带温度计的塞子。再检查一次装置是否稳妥与严密。

2. 加 热

用水冷凝管时，先打开冷凝水开关缓缓通入冷水，然后开始加热。加热时可见蒸馏瓶中液体逐渐沸腾，蒸气逐渐上升，温度计读数也略有上升。当蒸气的顶端到达水银球部位时，温度计读数急剧上升。这时应适当调整热源温度，使升温速度略为减慢，蒸气顶端停留在原处，使瓶颈上部和温度计受热，让水银球上液滴和蒸气温度达到平衡。然后再稍稍提高热源温度，进行蒸馏（控制加热温度以调整蒸馏速度，通常以每秒 1～2 滴为宜）。在整个蒸馏过程中，应使温度计水银球上常有被冷凝的液滴，此时的温度即为液体与蒸气平衡时的温度，温度计的读数就是液体的沸点。如果热源温度太高，蒸气成为过热蒸气，造成温度计所显示的沸点偏高；若热源温度太低，馏出物蒸气不能充分浸润温度计水银球，造成温度计读得的沸点偏低或不规则。

3. 观察沸点及馏分的收集

进行蒸馏前，至少要准备两个接收瓶，其中一个接收前馏分（或称馏头），另一个（需称重）用于接收预期所需馏分（并记下该馏分的沸程，即该馏分的第一滴和最后一滴时温度计的读数）。

终点的判断：一般液体中或多或少含有高沸点杂质，在所需馏分蒸出后，若继续升温，温度计读数会显著升高，若维持原来的温度，就不会再有馏液蒸出，温度计读数会突然下降，此时应停止蒸馏。即使杂质很少，也不要蒸干，以免蒸馏瓶破裂及发生其他意外事故。

4. 停止蒸馏

蒸馏完毕，先应撤出热源（拔下电源插头，再移走热源），然后停止通水，最后拆除蒸馏装置（与安装顺序相反）。

五、注意事项

（1）蒸馏装置及安装：仪器安装顺序为自下而上、从左到右。拆卸仪器与其顺序相反。温度计水银球上限应和蒸馏头侧管的下限在同一水平线上，冷凝水应从下口进，上口出。

（2）蒸馏及分馏效果好坏与操作条件有直接关系，其中最主要的是控制馏出液流出速度，以 1～2 滴/s 为宜（1 mL/min），不能太快，否则达不到分离要求。

（3）当蒸馏沸点高于 140 ℃ 的物质时，应该使用空气冷凝管。

（4）如果维持原来加热温度，不再有馏出液蒸出，温度突然下降，就应停止蒸馏。即使杂质量很少也不能蒸干，特别是蒸馏低沸点液体时更要注意不能蒸干，否则易发生意外事故。

（5）简单分馏操作和蒸馏大致相同，不同之处是在蒸馏瓶和蒸馏头之间加了一根分馏柱。要很好地进行分馏，必须注意下列几点：

① 分馏一定要缓慢进行，控制好恒定的蒸馏速度（2～3 s/滴），这样，可以得到比较好

的分馏效果。

② 要使有相当量的液体沿柱流回烧瓶中，即要选择合适的回流比，使上升的气流和下降液体充分进行热交换，使易挥发组分量上升，难挥发组分尽量下降，分馏效果更好。

③ 必须尽量减少分馏柱的热量损失和波动。柱的外围可用石棉包住，这样可以减少柱内热量的散发，减小风和室温的影响，减少热量的损失和波动，使加热均匀，分馏操作平稳地进行。

六、思考题

（1）什么是沸点？液体的沸点和大气压有什么关系？文献里记载的某物质的沸点是否即为该物质在实验室所在地的沸点？

（2）蒸馏时加入沸石的作用是什么？如果蒸馏前忘记加沸石，能否立即将沸石加至将近沸腾的液体中？当重新蒸馏时，用过的沸石能否继续使用？

（3）为什么蒸馏时最好控制馏出液的速度为 1~2 滴/s？

（4）如果液体具有恒定的沸点，那么能否认为它是单纯物质？

（5）分馏和蒸馏在原理及装置上有哪些异同？如果是两种沸点很接近的液体组成的混合物，能否用分馏来提纯呢？

（6）若加热太快，馏出液速度 >1~2 滴/s（每秒的滴数超过要求量），用分馏分离两种液体的能力会显著下降，为什么？

（7）分馏柱提纯液体时，为了取得较好的分离效果，分馏柱必须保持回流液，为什么？

（8）在分离两种沸点相近的液体时，为什么装有填料的分馏柱比不装填料的效率高？

（9）什么叫共沸混合物？为什么不能用分馏法分离共沸混合物？

实验 7　膜分离

一、实验目的

（1）了解超滤膜分离的主要工艺设计参数。
（2）了解液相膜分离技术的特点。
（3）训练并掌握超滤膜分离的实验操作技术。
（4）熟悉浓差极化、截流率、膜通量、膜污染等概念。

二、实验原理

　　膜分离是近数十年发展起来的一种新型分离技术。常规的膜分离是采用天然或人工合成的选择性透过膜作为分离介质，在浓度差、压力差或电位差等推动力的作用下，原料中的溶质或溶剂选择性地透过膜而进行分离、分级、提纯或富集。通常原料一侧称为膜上游，透过一侧称为膜下游。膜分离法可以用于液-固（液体中的超细微粒）分离、液-液分离、气-气分离以及膜反应分离耦合和集成分离技术等方面。其中液-液分离包括水溶液体系、非水溶液体系、水溶胶体系以及含有微粒的液相体系的分离。不同的膜分离过程所使用的膜不同，相应的推动力也不同。目前已经工业化的膜分离过程包括微滤（MF）、纳滤（NF）、超滤（UF）、反渗透（RO）（表 3.2）、渗析（D）、电渗析（ED）、气体分离（GS）和渗透汽化（PV）等，而膜蒸馏（MD）、膜基萃取、膜基吸收、液膜、膜反应器和无机膜的应用等则是目前膜分离技术研究的热点。膜分离技术具有操作方便、设备紧凑、工作环境安全、节约能量和化学试剂等优点，因此在 20 世纪 60 年代，膜分离方法自出现后不久就很快在海水淡化工程领域得到大规模的商业应用。目前除海水、苦咸水的大规模淡化以及纯水、超纯水的生产外，膜分离技术还在食品工业、医药工业、生物工程、石油、化学工业、环保工程等领域得到推广应用。

表 3.2　各种膜分离方法的分离范围

膜分离类型	分离粒径/μm	近似分子量	常见物质
过　滤	>1		沙粒、酵母、花粉、血红蛋白
微　滤	0.06 ~ 10	>500 000	颜料、油漆、树脂、乳胶、细菌
超　滤	0.005 ~ 0.1	6 000 ~ 500 000	凝胶、病毒、蛋白、炭黑
纳　滤	0.001 ~ 0.011	200 ~ 6 000	染料、洗涤剂、维生素
反渗透	<0.001	<200	水、金属离子

　　超滤膜分离基本原理是在压力差推动下，利用膜孔的渗透和截留性质，使得不同组分得

到分级或分离。超滤膜分离的工作效率以膜通量和物料截流率为衡量指标，两者与膜结构、体系性质以及操作条件等密切相关。影响膜分离的主要因素有：① 膜材料、膜的亲疏水性和电荷性会影响膜与溶质之间的作用力大小；② 膜孔径，膜孔径的大小直接影响膜通量和膜的截流率，一般来说，在不影响截流率的情况下尽可能选取膜孔径较大的膜，这样有利于提高膜通量；③ 操作条件（压力和流量）。另外料液本身的一些性质如溶液 pH 值、盐浓度、温度等都对膜通量和膜的截流率有较大的影响。

从动力学讲，膜通量的一般形式：

$$J_V = \frac{\Delta P}{\mu R} = \frac{\sum P}{\mu(R_m + R_c + R_f)}$$

式中　　J_V —— 膜通量；

R —— 膜的过滤总阻力；

R_m —— 膜自身的机械阻力；

R_c —— 浓差极化阻力；

R_f —— 膜污染阻力。

过滤时，由于筛分作用，料液中的部分大分子溶质会被膜截留，溶剂及小分子溶质则能自由地透过膜，从而表现出超滤膜的选择性。被截留的溶质在膜表面集聚，其浓度会逐渐上升，在浓度梯度的作用下，接近膜面的溶质又以相反方向向料液主体扩散，达到平衡状态时膜表面形成一溶质浓度分布的边界层，对溶剂等小分子物质的运动起阻碍作用，如图 3.8 所示。这种现象称为膜的浓差极化，是一可逆过程。

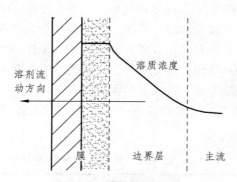

图 3.8　膜的浓差极化

膜污染是指处理物料中的微粒、胶体或大分子，由于与膜存在物理化学相互作用或机械作用而引起的在膜表面或膜孔内吸附和沉积，造成膜孔径变小或孔堵塞，使膜的分离特性产生不可逆变化的现象。

膜分离单元操作装置的分离组件采用超滤中空纤维膜。当待分离的混合物料流过膜组件孔道时，某组分可穿过膜孔而被分离。通过测定料液浓度和流量，可计算被分离物的脱除率、回收率及其他有关数据。当配置真空系统和其他部件后，可组成多功能膜分离装置，能进行膜渗透蒸发、超滤、反渗透等实验。

三、实验装置与流程

1. 超滤膜分离实验装置

超滤膜分离综合实验装置及流程示意图如图 3.9 所示。中空纤维超滤膜组件规格为：PS10 截留分子量为 10 000，内压式，膜面积为 0.1 m²，纯水通量为 3 ~ 4 L/h；PS50 截留分子量为 50 000，内压式，膜面积为 0.1 m²，纯水通量为 6 ~ 8 L/h；PP100 截留分子量为 100 000，外压式，膜面积为 0.1 m²，纯水通量为 40 ~ 60 L/h。

本实验将聚乙醇（PEG）料液由输液泵输送，经粗滤器和精密过滤器过滤，然后经转子流量计计量后从下部进入中空纤维超滤膜组件中，经过膜分离将 PEG 料液分为两股：一股是透过液——透过膜的稀溶液（主要由低分子量物质构成），经流量计计量后回到低浓度料液储罐（淡水箱）；另一股是浓缩液——未透过膜的溶液（浓度高于料液，主要由大分子物质构成），经回到高浓度料液储罐（浓水箱）。

溶液中 PEG 的浓度采用分光光度计分析。

在进行一段时间实验以后，膜组件需要清洗。反冲洗时，只需向淡水箱中接入清水，打开反冲阀，其他操作与分离实验相同。

中空纤维膜组件容易被微生物侵蚀而损伤，故在不使用时应加入保护液。在本实验系统中，拆卸膜组件后加入保护液（1% ~ 5%的甲醛溶液）进行保护膜组件。

电源：~ 220 V；

功率：90 W；

最高工作温度：50 ℃；

最高工作压力：0.1 MPa。

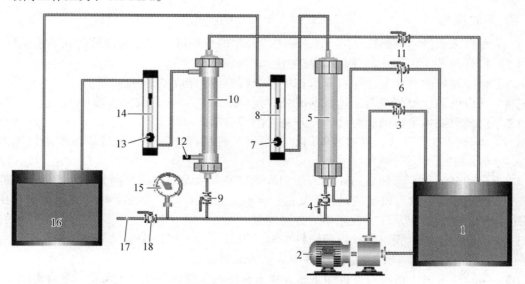

图 3.9　超滤膜分离实验装置

1—原料液水箱；2—循环泵；3—旁路调压阀 1；4—阀 2；5—膜组件 PP100；6—浓缩液阀 4；
7—流量计阀；8—透过液转子流量计；9—阀 3；10—膜组件 PS10；11—浓缩液阀；
12—反冲口；13—流量计阀；14—透过液转子流量计；15—压力表；
16—透过液水箱；17—反冲洗管路；18—反冲洗阀门

四、实验步骤

1. 准备工作

（1）配制 1%～5%的甲醛作为保护液；

（2）配制 1%的聚乙二醇溶液。

（3）发色剂的配制：

① A 液：准确称取 1.600 0 g 次硝酸铋置于 100 mL 容量瓶中，加冰乙酸 20 mL，全溶后用蒸馏水稀释至刻度。有效期半年。

② B 液：准确称取碘化钾 40.000 0 g 置于 100 mL 棕色容量瓶中，加蒸馏水稀释至刻度。

③ Dragendoff 试剂：量取 A 液、B 液各 5 mL，置于 100 mL 棕色容量瓶中，加冰乙酸 40 mL，用蒸馏水稀释至刻度。有效期半年。

④ 醋酸缓冲溶液的配制：称取 0.2 mol/L 醋酸钠溶液 590 mL 及 0.2 mol/L 冰乙酸溶液 410 mL，置于 1 000 mL 容量瓶中，配制成 pH 为 4.8 的醋酸缓冲溶液。

（4）打开 721 型分光光度计预热。

（5）用标准溶液测定工作曲线：

用分析天平准确称取在 60 ℃下干燥 4 h 的聚乙二醇 1.000 g（精确到 mg），溶于 1 000 mL 的容量瓶中，配制成溶液。分别吸取聚乙二醇溶液 1.0，3.0，5.0，7.0，9.0 mL，置于 100 mL 的容量瓶内，配制成浓度为 10，30，50，70，90 mg/L 的标准溶液。再各量取 25 mL 加入 100 mL 容量瓶中，分别加入发色剂和醋酸缓冲溶液各 10 mL，稀释至刻度，放置 15 min 后，用分光光度计 1 cm 比色池测量吸光度。以去离子水为空白，作标准曲线。

2. 实验操作

（1）用自来水清洗膜组件 2～3 次，洗去组件中的保护液。排尽清洗液，安装膜组件。

（2）打开阀 1，关闭阀 2、阀 3 及反冲洗阀门。

（3）将配制好的料液加入原料液水箱中，分析料液的初始浓度并记录。

（4）开启电源，使泵正常运转，这时泵打循环水（1-2-3-1 形成闭合循环）。

（5）选择需要做实验的膜组件，打开相应的进口阀。

（6）组合调节阀门 1、浓缩液阀门，调节膜组件的操作压力。超滤膜组件进口压力为 0.015～0.018 MPa。

（7）启动泵，稳定运转 5 min 后，分别取透过液和浓缩液样品，用分光光度计分析样品中聚乙二醇的浓度。然后改变流量，重复进行实验，共测 1～3 个流量。注意膜组件进口压力的变化情况，并做好记录，实验完毕后方可停泵。

（8）清洗中空纤维膜组件：待膜组件中料液放尽之后，用自来水代替原料液，在较大流量下运转 20 min 左右，清洗超滤膜组件中残余的原料液。

（9）实验结束后，把膜组件拆卸下来，加入保护液至膜组件的 2/3 高度。然后密闭系统，避免保护液损失。

（10）将分光光度计清洗干净，放在指定位置，切断电源。

（11）实验结束后检查水、电是否关闭，确保所用系统水、电关闭。

五、实验数据处理

1. 实验条件和数据记录（表3.3）

压强（表压）：＿＿＿＿＿＿＿＿＿MPa；温度：＿＿＿＿＿＿＿℃

表3.3　膜分离实验数据记录

实验序号	起止时间	浓度/mg·L^{-1}			流量/L·h^{-1}
		原料液	浓缩液	透过液	透过液

2. 数据处理

（1）料液截留率

聚乙二醇的截留率 R 用下式计算：

$$R = \frac{C_0 - C_1}{C_0}$$

式中　C_0 ——原料初始浓度；

C_1 ——透过液浓度。

（2）透过液通量

$$J = \frac{V}{\theta \cdot S}$$

式中　V ——渗透液体积；

S ——膜面积；

θ ——实验时间。

（3）浓缩因子

$$N = \frac{C_2}{C_0}$$

式中　N ——浓缩因子；

C_2 ——浓缩液浓度。

六、注意事项

（1）泵启动之前一定要"灌泵"，即将泵体内充满液体。

（2）样品取样方法：从表面活性剂 PEG 料液储罐（1）中用移液管吸取 5 mL 浓缩液配成 100 mL 溶液；同时在透过液出口端和浓缩液出口端分别用 100 mL 烧杯接取透过液和浓缩液各约 50 mL，然后用移液管从烧杯中吸取透过液 10 mL、浓缩液 5 mL 分别配成 100 mL 溶液。烧杯中剩余的透过液和浓缩液全部倒入表面活性剂料液储罐中，充分混匀后，进行下一个流量实验。

（3）分析方法：PEG 浓度的测定方法是先用发色剂使 PEG 显色，然后用分光光度计测定。首先测定工作曲线，然后测定浓度。吸收波长为 690 nm。具体操作步骤为：取定量中性或微酸性的 PEG 溶液加入 50 mL 的容量瓶中，加入 8 mL 发色剂，然后用蒸馏水稀释至标线，摇匀并放置 15 min 后，测定溶液吸光度，查标准工作曲线即可得到 PEG 溶液的浓度。

（4）进行实验前必须将保护液从膜组件中放出，然后用自来水认真清洗，除掉保护液；实验后，也必须用自来水认真清洗膜组件，洗掉膜组件中的 PEG，然后加入保护液。加入保护液的目的是防止系统生菌和膜组件干燥而影响分离性能。

（5）若长时间不用实验装置，应将膜组件拆下，用去离子水清洗后加上保护液保护膜组件。

（6）受膜组件工作条件限制，实验操作压力须严格控制：建议操作压力不超过 0.10 MPa，工作温度不超过 45 ℃，pH 为 2~13。

七、思考题

（1）请简要说明超滤膜分离的基本原理。
（2）超滤膜组件长期不用时，为何要加保护液？
（3）在实验中，如果操作压力过高会有什么后果？
（4）提高料液的温度对膜通量有什么影响？

实验 8 吸附实验

一、实验目的

（1）学会求得最佳吸附条件的基本方法。

（2）加深对吸附理论的理解。

二、实验原理

固体表面有吸附水中溶质及胶体物质的能力，比表面积很大的活性炭等具有很强的吸附能力，可用作吸附剂。吸附可分为物理吸附和化学吸附。如果吸附剂与被吸附物质之间是通过分子间引力（即范德华力）而产生吸附，称为物理吸附；如果吸附剂与被吸附物质之间产生化学作用，生成化学键引起吸附，称为化学吸附。由于各种原水有很大差异，混凝效果不尽相同，混凝剂的混凝效果不仅取决于混凝剂投加量，同时还取决于水流速度梯度等因素。

碘化汞和碘化钾的碱性溶液与氨反应生成淡红棕色胶态化合物，其色度与氨氮含量成正比，通常可在波长 410 ~ 425 nm 范围内测其吸光度，计算其含量。本法最低检出浓度为 0.025 mg/L（光度法），测定上限为 2 mg/L，采用目视比色法，最低检出浓度为 0.02 mg/L。水样做适当的预处理后，本法可用于地面水、地下水、工业废水和生活污水中氨氮的测定。

三、试剂与仪器

1. 试　剂

（1）配制试剂用水均应为无氨水。无氨水可选用下列方法之一进行制备：① 蒸馏法：每升蒸馏水中加 0.1 mL 硫酸，在全玻璃蒸馏器中重蒸馏，弃去 50 mL 初馏液，取其余馏出液于具塞磨口的玻璃瓶中，密闭保存。②离子交换法：使蒸馏水通过强酸型阳离子交换树脂柱。

（2）硅酸钙（100 目）。

（3）1 mol/L 盐酸、1 mol/L 氢氧化钠溶液。

（4）轻质氧化镁（MgO）：将氧化镁在 500 ℃下加热，以除去碳酸盐。

（5）0.05%溴百里酚蓝指示液：pH 6.0 ~ 7.6。

（6）防沫剂，如石蜡碎片。

（7）吸收液：硼酸溶液（称取 20 g 硼酸溶于水，稀释至 1 L）；0.01 mol/L 硫酸溶液。

（8）纳氏试剂：可选择下列方法之一制备：① 称取 20 g 碘化钾溶于约 100 mL 水中，边搅拌边分次少量加入氯化汞（$HgCl_2$）结晶粉末约 10 g，至出现朱红色沉淀且沉淀不易溶解时，改为滴加饱和氯化汞溶液，并充分搅拌，当出现微量朱红色沉淀不再溶解时，停止滴加氯化汞溶液。另称取 60 g 氢氧化钾溶于水，并稀释至 250 mL，冷却至室温后，将上述溶液徐徐注入氢氧化钾溶液中，用水稀释至 400 mL，混匀，静置过夜，将上清液移入聚乙烯瓶中，密闭保存。② 称取 16 g 氢氧化钠，溶于 50 mL 水中，充分冷却至室温。另称取 7 g 碘化钾和碘化汞（HgI_2）溶于水，然后将此溶液在搅拌下徐徐注入氢氧化钠溶液中，用水稀释至 100 mL，储于聚乙烯瓶中，密闭保存。

（9）酒石酸钾钠溶液：称取 50 g 酒石酸钾钠（$KNaC_4H_4O_6 \cdot 4H_2O$）溶于 100 mL 水中，加热煮沸以除去氨，放冷，定容至 100 mL。

（10）铵标准储备溶液：称取 3.819 g 经 100 °C 干燥过的优级纯氯化铵（NH_4Cl）溶于水中，移入 1 000 mL 容量瓶中，稀释至刻线。此溶液每毫升含 1.00 mg 氨氮。

（11）铵标准溶液：移取 5.00 mL 铵标准储备液于 500 mL 容量瓶中，用水稀释至刻线。此溶液每毫升含 0.010 mg 氨/氮。

（12）模拟氨氮废水（1.5 mg/L）。

2. 仪　器

带氮球的定氮蒸馏装置（500 mL 凯氏烧瓶、氮球、直形冷凝管和导管）。回旋振荡器、紫外分光光度计、pH 计、烧杯（100 mL）、比色管（50 mL）、移液管（1 mL、2 mL、5 mL、10 mL）、容量瓶（100 mL）。

四、实验方法（纳氏试剂分光光度法）

1. 水样预处理

取 250 mL 水样（如氨氮含量较高，可取适量并加水至 250 mL，使氨氮含量不超过 2.5 mg），移入凯氏烧瓶中，加数滴溴百里酚蓝指示剂，用氢氧化钠溶液或盐酸调节至 pH 7 左右。加入 0.25 g 轻质氧化镁和数粒玻璃珠，立即连接氮球和冷凝管，导管下端插入吸收液液面下。加热蒸馏，至馏出液达 200 mL 时，停止蒸馏，定容至 250 mL。

采用酸滴定法或纳氏比色法时，以 50 mL 硼酸溶液为吸收液；采用水杨酸-次氯酸盐比色法时，改用 50 mL 0.01 mol/L 硫酸溶液为吸收液。

2. 标准曲线的绘制

吸取 0，0.50，1.00，3.00，7.00 和 10.0 mL 铵标准溶液，分别置于 50 mL 比色管中，加水至刻线，加 1.0 mL 酒石酸钾钠溶液，混匀，加 1.5 mL 纳氏试剂，混匀。放置 10 min 后，在波长 420 nm 处，用光程 20 mm 比色皿，以水为参比，测定吸光度。由测得的吸光度，减去零浓度空白管的吸光度后，得到校正吸光度，绘制以氨氮含量（mg）对校正吸光度的标准曲线。

3. 水样的测定

（1）分取适量经絮凝沉淀预处理后的水样（使氨氮含量不超过 0.1 mg），加入 50 mL 比色管中，稀释至刻线，加 0.1 mL 酒石酸钾钠溶液，以下同标准曲线的绘制。

（2）分取适量经蒸馏预处理后的馏出液，加入 50 mL 比色管中，加一定量 1 mol/L 氢氧化钠溶液，以中和硼酸，稀释至刻线，加 1.5 mL 纳氏试剂，混匀，放置 10 min 后，同标准曲线，步骤测量吸光度。

4. 空白实验

以无氨水代替水样，做全程序空白测定。

五、数据处理

由水样测得的吸光度减去空白实验的吸光度后，从标准曲线上查得氨氮量（mg）后，按下式计算：

$$氨氮（N, mg/L）=m/V \times 1000$$

式中 m —— 由标准曲线查得的氨氮量，mg；

V —— 水样体积，mL。

六、实验条件及步骤

1. 最佳振荡时间选择

分别称取 0.1 g 硅酸钙 5 份于 5 个 250 mL 锥形瓶，取 100 mL 氨氮废水，分别加入 1～5 号锥形瓶中，置于回旋振荡器中。

启动回旋振荡器，于 100 r/min 条件下振荡 15、30、45、60、75 min，过滤，移取 5 mL 滤液，进行氨氮的测量。

2. 最佳投加量的确定

根据实验 1 确定的最佳振荡时间，分称取 0.1，0.15，0.2，0.25，0.3 g 硅酸钙于 5 个 250 mL 锥形瓶，取 100 mL 氨氮废水，分别加入 1～5 号锥形瓶中，置于回旋振荡器中。

启动回旋振荡器，于 100 r/min 条件下振荡，过滤，移取 5 mL 滤液，进行氨氮的测量。

3. 最佳振荡强度的确定

取 6 只 500 mL 的烧杯，加入 500 mL 的原水，置于回旋振荡器中。

用移液管依次向烧杯中加入实验 2 所选的最佳混凝剂，投加剂量按上述混凝剂的最佳投加量来确定。

启动回旋振荡器于 100，110，120，130，140，150 r/min 条件下振荡（振荡时间根据实验 1 确定的最佳振荡时间），过滤，移取 5 mL 滤液，进行氨氮的测量。

实验9　薄层色谱法分离复方新诺明中 SMZ 及 TMP

一、实验目的

（1）学习薄层板的铺制方法。

（2）了解薄层色谱法在复方制剂的分离、鉴定中的应用。

（3）掌握 R_f 值及分离度的计算方法。

二、实验原理

薄层色谱法是指将吸附剂或载体均匀地涂布于玻璃板上形成薄层，待点样展开后，与相应的对照品按同法所得的色谱图作对比，用以进行药物的鉴别、杂质检查或含量测定的方法。复方新诺明为复方制剂，含磺胺甲噁唑（SMZ）及甲氧苄氨嘧啶（TMP）成分，可在硅胶 GF_{254} 荧光薄层板上，用氯仿-甲醇（9:1）为展开剂，利用硅胶对 TMP 和 SMZ 具有不同的吸附能力的性质，展开剂对二者具有不同的溶解能力而达到混合组分的分离。利用 SMZ 和 TMP 在荧光板上产生暗斑，与同一块板上的对照品比较进行定性，并计算在本色谱条件下两者的分离度 R：

$$R = \frac{d}{(W_1 + W_2)/2}$$

式中　W_1，W_2 —— 两色斑的纵向直径，cm；

　　　d —— 相邻两斑点中心的距离差。

三、试剂与仪器

1. 试　剂

（1）SMZ、TMP 对照品：分别取 SMZ 0.2 g、TMP 40 mg，各加甲醇 10 mL 溶解，作为对照液。

（2）复方新诺明样品：取本品细粉适量（约相当于 SMZ 0.2 g），加甲醇 10 mL，振摇，过滤，取滤液作为供试品溶液。

（3）展开剂：氯仿-甲醇（9:1）；硅胶 GF_{254}；羧甲基纤维素钠（CMC-Na），浓度为 0.75%（g/mL）。

2. 仪　器

色谱缸、玻璃板（10 cm×7 cm）、紫外分析仪、微量注射器或毛细管、乳钵、牛角匙。

四、实验步骤

1. 黏合薄层板的铺制

称取羧甲基纤维素钠 0.75 g，置于 100 mL 水中，加热使其溶解，混匀，放置 1 周待澄清，备用。取上述 CMC-Na 上清液 30 mL（或适量），置乳钵中。取 10 g 硅胶 GF$_{254}$，分次加入乳钵中，待充分研磨均匀后，取糊状的吸附剂适量，放在清洁的玻璃板上。由于糊状物有一定的流动性，可晃动或转动玻璃板，使其均匀地流布于整块玻璃板上而获得均匀的薄层板。将其平放晾干，再在 110 °C 活化 1 h，储于干燥器中备用。

2. 点样展开

在距薄层板底边 1.5 cm 处用铅笔轻轻划一条起始线，用微量注射器分别点 SMZ、TMP 对照液及样品液各 5 μL，斑点直径不超过 2 ~ 3 cm。待溶剂挥发后，将薄层板置于盛有 30 mL 展开剂的色谱缸中饱和 15 min，再将点有样品的一端浸入展开剂中 0.3 ~ 0.5 cm，展开。待展开剂移行约 10 cm，取出板，立即用铅笔划出溶剂前沿，待展开剂挥散后，在紫外分析仪中观察，标出各斑点的位置、外形，以备计算 R_f 值。

五、实验结果处理

找出各斑点中心点，用米尺量出各斑点的移行距离及溶剂前沿，分别计算 R_f 值。对样品中两组分进行定性，并求出样品中两组分的分离度 R。

六、注意事项

（1）在乳钵中混合硅胶 GF$_{254}$ 和 CMC-Na 黏合剂时，必须充分研磨均匀，并朝同一方向研磨，去除表面气泡后再铺板。

（2）点样时，注射器针头切勿损坏薄层表面。

（3）色谱缸必须密闭，否则溶剂易挥发，从而改变展开剂比例，影响分离效果。

（4）展开时，切勿将样点浸入展开剂中。

七、思考题

（1）物质发生荧光的条件是什么？

（2）薄层色谱法的主要显色方法有哪些？

（3）荧光薄层检测斑点的原理是什么？

（4）简述苯、甲苯和二甲苯的分离与鉴定。

实验 10 葡萄糖酸锌的制备

一、实验目的

（1）了解葡萄糖酸锌的制备方法。
（2）掌握无机药物制备及分析的操作方法。

二、实验原理

锌是人体必需的 14 种微量元素之一，它不但具有重要的生物功能，而且与人体中不少于 200 种金属酶有关，在人体中发挥着重要的作用。人们用锌治疗疾病已有 3000 多年历史。目前在寻找低毒、吸收率高、综合功能好的锌添加剂。

本实验以葡萄糖酸钙、浓硫酸、氧化锌等为原料，合成葡萄糖酸锌。合成路线如下：

$$Ca(C_6H_{10}O_7)_2 + H_2SO_4 \longrightarrow CaSO_4 + 2HOCH_2(CHOH)_4COOH$$

$$2HOCH_2(CHOH)_4COOH + ZnO \longrightarrow [HOCH_2(CHOH)_4COO]_2Zn$$

用 95%乙醇作为结晶促进剂。

三、试剂与仪器

1. 试剂

葡萄糖酸钙、浓硫酸、氧化锌、95%乙醇、亚铁氰化钾标准溶液（0.05 mol/L）、二苯胺、硫酸铵、焦磷酸钠等。

2. 仪器

分析天平、布氏漏斗、抽滤瓶、圆底烧瓶、烧杯、三口烧瓶、滴定管等。

四、实验步骤

1. 葡萄糖酸的制备

在 150 mL 三口烧瓶中加入 50 mL 蒸馏水，再缓慢加入 2.7 mL（0.05 mol）浓硫酸，搅拌下分批加入 22.4 g（0.05 mol）葡萄糖酸钙，在 90 ℃ 恒温水浴中加热反应 1.5 h。趁热滤去析出的 $CaSO_4$ 沉淀，得到淡黄色液体，滤饼用蒸馏水洗涤。

2. 葡萄糖酸锌的制备

取上述滤液，分批加入 2.1 g（0.025 mol）氧化锌，在圆底烧瓶中加热搅拌反应 2 h，滤液浓缩至原体积的 1/3。加入 10 mL95%乙醇，放置 8 h，使充分结晶，过滤抽干，干燥，得到白色结晶状粉末。

3. 葡萄糖酸锌中锌含量的测定

准确称取样品 1.0～1.2 g，加 45 mL 水溶解，加 15 mL 3 mol/L 硫酸溶液、2 g 焦磷酸钠及 1 g 硫酸铵。加热至 90 ℃ 左右（微沸），用亚铁氰化钾标准溶液进行滴定，滴定速度不宜过快，应缓慢滴加，保持溶液呈虚线状流下。将近终点时加入 3 滴二苯胺指示剂，剧烈摇动，待深紫色出现后继续用亚铁氰化钾标准溶液逐滴滴定，至蓝紫色消失，呈黄绿色时即为终点，滴定终点时的温度不得低于 60 ℃。

五、思考题

（1）简述测定葡萄糖酸锌中锌含量的原理。
（2）如要测定硫酸根的含量，用什么方法？
（3）根据制备葡萄糖酸锌的原理，产品中还有哪些杂质？

实验 11 快速柱色谱

一、实验目的

（1）熟悉色谱的基本原理。
（2）掌握快速柱色谱的基本操作与技巧。

二、实验原理

色谱（又称层析）是一种物理分离方法。它的分离原理是使混合物中各组分在两相间进行分配，其中一相是不动的，称为固定相，另一相是携带混合物流过此固定相的流体，称为流动相。当流动相中所含混合物经过固定相时，就会与固定相发生作用。由于各组分在性质和结构上有差异，与固定相发生作用的大小也有差异，因此在同一推动力作用下，不同组分在固定相中的滞留时间有长有短，从而按先后不同的次序从固定相中流出。这种借助在两相间分配差异而使混合物中各组分分离的技术，称为色谱法。

柱层析色谱是通过层析柱来实现分离的，主要用于大量化合物的分离。层析柱内装有固体吸附剂，即固定相，如氧化铝或硅胶等。液体样品从柱顶加入，在柱的顶部被吸附剂吸附，然后从柱的顶部加入有机溶剂展开剂进行洗脱。由于吸附剂对各组分的吸附能力不同，各组分以不同速度下移，被吸附较弱的组分在流动相里的含量较高，以较快的速度下移。各组分随溶剂按一定顺序从层析柱下端流出，分段收集流出液，再用薄层色谱鉴定各组分。柱层析的分离条件可以套用该样品的薄层色谱条件，分离效果相同。

快速柱色谱是 1978 年 Still 等提出将柱色谱技术用于有机化合物的分离而制备的。它具备以下特点：

（1）设备简单，操作容易，流动相由低压（0.05 ~ 0.8 MPa）压缩空气或氮气驱动。
（2）可与薄层色谱配合使用，通过薄层色谱寻找合适的展开剂，作为快速色谱的冲洗剂。
（3）用硅胶或键合硅胶装短柱，一般高为 7 ~ 15 cm，具有中等分离度。在薄层上 $\Delta R_f \geqslant$ 0.10 ~ 0.15 的组分，在快速色谱柱上都可以很好地分开。
（4）色谱柱的材料多为玻璃或石英，易于观察洗脱状态。

三、试剂与仪器

1. 试　剂

邻硝基苯胺、对硝基苯胺、石油醚、乙酸乙酯。

2. 仪　器

薄层板、玻璃色谱柱、烧杯、三口烧瓶、滴定管等。

四、实验步骤

1. 薄层层析

取 0.1 g 邻硝基苯胺与 0.1 g 对硝基苯胺，用 2 mL 乙酸乙酯溶解，在离薄层板边沿约 1 cm 的起点线上点样。将点好样品的薄层板放入展开缸中。展开缸内已放置展开剂（6∶1 的石油醚-乙酸乙酯）。薄层板的点样端在下方，浸入展开剂，待展开剂前沿上升到离板的上端约 1 cm 处时，取出薄层板，立即用铅笔在展开剂上升的前沿处划一记号，置于空气中晾干。可观察到薄层板点样处上端有两个斑点。计算 R_f 值（看 R_f 值是否在 0.10～0.15 处，若不是，可适当调整展开剂比例）。

2. 快速柱层析

（1）装柱：在色谱柱（直径 5 cm、长 50 cm）中，湿法装入 150 mL 硅胶。
（2）加样：0.1 g 邻硝基苯胺与 0.1 g 对硝基苯胺，用 2 mL 乙酸乙酯溶解。
（3）冲洗：冲洗液为石油醚-乙酸乙酯（6∶1）。
（4）收集产品：先洗出的为邻硝基苯胺，后洗出的为对硝基苯胺。

五、思考题

影响快速柱色谱分离效果的主要因素有哪些?

实验 12 离子交换及交换容量的测定

一、实验目的

（1）通过实验，加深对离子交换分离（交换吸附）的基本原理的认识。
（2）实践离子树脂装柱，学习洗脱操作。

二、实验原理

氢型阳离子交换树脂与碱作用生成水，为一不可逆反应。可用静态法测定总交换容量：

$$RH + NaOH \longrightarrow RNa + H_2O$$

阴离子交换树脂不能采用类似的方法测定，应采用 Cl 型树脂。当它与 Na_2SO_4 相作用时，生成氯化钠：

$$2R_3 \equiv NHCl + Na_2SO_4 \longrightarrow (R_3 \equiv NH)_2SO_4 + 2NaCl$$

故可用动态法，滴定流出液中 Cl^- 含量而测定其总交换容量。

三、试剂与仪器

1. 试 剂

732 氢型阳离子交换树脂，Cl 型弱碱阴离子交换树脂 ZerolitG，0.1 mol/L 氢氧化钠标准溶液，0.1 mol/L 盐酸标准溶液，1 mol/L 硫酸钠溶液，0.1 mol/L 硝酸银标准溶液，甲基橙指示剂，铬酸钾（K_2CrO_4）指示剂。

2. 仪 器

三角瓶，吸管或移液管，酸式滴定管，小玻璃柱，烧杯，500 mL 容量瓶等。

四、实验步骤

1. 静态法测定

精确称取事先处理好并抽干的 732 氢型阳离子交换树脂 2 g，105 ℃ 下烘干至恒重，按下式计算含水量：

$$w(\%) = \frac{m_1 - m_2}{m_1} \times 100$$

式中 m_1 ——烘前树脂重量，g；
     m_2 ——烘后树脂重量，g。

取上述树脂 1 g，放入三角瓶中，用吸管吸取 50 mL 0.1 mol/L 氢氧化钠标准溶液，加入树脂中，放置 24 h，要求树脂全部浸入溶液中。然后，用吸管分别取出 10 mL，放入两只三角瓶中，以甲基橙为指示剂，用 0.1 mol/L 盐酸标准溶液滴定，溶液由无色变到红色为滴定终点，取两次滴定的平均值计算。

$$总交换容量（meq/g\ 干树脂）= \frac{50c_1 - 5c_2 V_2}{m(1-w)}$$

式中　m —— 湿树脂质量，g；

　　　w —— 树脂含水量，%；

　　　c_1 —— NaOH 标准溶液的浓度，mol/L；

　　　c_2 —— HCl 标准溶液的浓度，mol/L；

　　　V_2 —— 0.1 mol/L HCl 标准溶液的用量，mL。

2. 动态法测定

精确称取事先处理好并抽干的 Cl 型弱碱阴离子交换树脂 ZerolitG 2 g 左右，测定其含水量。同时另取 2 g 左右，装入小玻璃柱中（装柱时注意，不应使树脂层中有气泡存在）。然后通入 1 mol/L Na_2SO_4 溶液进行交换，用 500 mL 容量瓶收集流出液，流速约为 250 mL/h，流满刻度为止，吸取流出液 50 mL，用 0.1 mol/L $AgNO_3$ 标准溶液滴定，以 K_2CrO_4 为指示剂，溶液从白色变为红色为滴定终点。总交换容量为

$$总交换容量（meq/g\ 干树脂）= \frac{10Vc}{m(1-w)}$$

式中　V —— 0.1 mol/L $AgNO_3$ 的用量，mL；

　　　c —— $AgNO_3$ 的浓度，mol/L；

　　　m —— 湿树脂重量，g；

　　　w —— 湿树脂含水量，%。

实验 13　丙戊酸钠的合成及产物的分离

（设计性实验）

一、实验目的

（1）本实验属综合设计性实验，按给定实验目的、要求和实验条件，由实验者自己设计实验方案并加以实现。

（2）通过做本实验，使学生对药物综合分离的理论、实验技能、实验方法以及具体应用得到一定的了解与掌握。

二、实验任务及要求

1. 文献检索及文献总结报告

（1）文献检索：查阅丙戊酸钠（含丙戊酸）的理化性质、主要用途、各种制备及分离精制方法以及涉及的原料、中间产物的文献资料。

（2）撰写文献报告（或文献综述）：文献报告要对丙戊酸（及其钠盐）的理化性质及主要用途作一个概括性的介绍，主要对查得的关于丙戊酸（及其钠盐）的制备及分离精制的相关文献方法进行分析、比较和评价。要求字数 2000 以上，并直引参考文献。

文献检索及文献报告要求在课外完成。

2. 实验方案讨论及实施

（1）实验方案：根据文献及报告，设计或优选适当的制备及分离精制方法，并制订详细的实验操作方案。

（2）实验方案讨论：向实验指导教师递交文献分析报告及初步实验操作方案，与指导教师讨论并确定选择的制备及分离精制方法（或自己设计的方法），进一步完善具体的实验操作步骤及注意事项，然后认真实施实验方案并完成制备目的物、获得合格产品（质和量）的任务。

（3）实验实施：根据实验方案，完成实验过程。

注意：与指导教师讨论选定实验方案时，需要关注相关试剂及仪器设备的可行性条件。

3. 实验结果的总结与评价

撰写实验报告，并对自己的制备实验过程及结果作出全面的总结评价。完成本实验后，需要提交以下的文件和实物：

（1）文献报告修改稿及检索记录；

（2）实验方案；

（3）实验记录；

（4）实验总结报告。

实验 14　阿司匹林合成过程中间体及产物的分离

（设计性实验）

一、实验目的

（1）本实验属综合设计性实验，按给定实验目的、要求和实验条件，由实验者自己设计实验方案并加以实现。

（2）通过做本实验，使学生对药物综合分离的理论、实验技能、实验方法以及具体应用得到一定的了解与掌握。

二、实验任务及要求

1. 文献检索及文献总结报告

（1）文献检索：查阅阿司匹林的理化性质、主要用途、各种制备及分离精制方法以及涉及的原料、中间产物的文献资料。

（2）撰写文献报告（或文献综述）：文献报告要对阿司匹林的理化性质及主要用途作一个概括性的介绍，主要对查得的关于阿司匹林制备及分离精制的相关文献方法进行分析、比较和评价。要求字数 2000 以上，并直引参考文献。

文献检索及文献报告要求在课外完成。

2. 实验方案讨论及实施

（1）实验方案：根据文献及报告，选择阿司匹林合成过程中 1~2 个中间体或产物的制备及分离精制方法，并制订详细的实验操作方案。

（2）实验方案讨论：向实验指导教师递交文献分析报告及初步实验操作方案，与指导教师讨论并确定选择的制备及分离精制方法（或自己设计的方法），进一步完善具体的实验操作步骤及注意事项，然后认真实施实验方案并完成制备目的物、获得合格产品（质和量）的任务。

（3）实验实施：根据实验方案，完成实验过程。

注意：与指导教师讨论选定实验方案时，需要关注相关试剂及仪器设备的可行性条件。

3. 实验结果的总结与评价

撰写实验报告，并对自己的制备实验过程及结果作出全面的总结评价。完成本实验后，需要提交以下的文件和实物

（1）文献报告修改稿及检索记录；

（2）实验方案；

（3）实验记录；

（4）实验总结报告。

第四章 生物制药分离工程实验

实验 1 猪胰蛋白酶的纯化及其活性测定

一、实验目的

（1）学习胰蛋白酶的纯化及结晶的基本方法。

（2）学习用 BAEE 法测定胰蛋白酶活性，并计算提取的胰蛋白酶的比活力。

二、实验原理

胰蛋白酶是以无活性的酶原形式存在于动物胰脏中，在 Ca^{2+} 的存在下，被肠激酶或有活性的胰蛋白酶自身激活，从肽链 N-端 Lys 和 Ile 残基之间的肽键断开，失去一段六肽，分子构象发生改变后转变为有活性的胰蛋白酶。胰蛋白酶原的分子量约为 24 000，其等电点约为 8.9，胰蛋白酶的分子量为 23 300，其等电点约为 10.8，最适 pH 7.6～8.0，在 pH=3 时最稳定，低于此 pH 时，胰蛋白酶易变性，在 pH>5 时易自溶。Ca^{2+} 对胰蛋白酶有稳定作用。

胰蛋白酶能催化蛋白质的水解，重金属离子、有机磷化合物以及从胰脏、卵清和豆类植物的种子中提取的胰蛋白酶抑制剂，都能抑制胰蛋白酶的水解作用。胰蛋白酶对于由碱性氨基酸（精氨酸、赖氨酸）的羧基与其他氨基酸的氨基所形成的键具有高度的专一性。此外还能催化由碱性氨基酸和羧基形成的酰胺键或酯键，其高度专一性仍表现为对碱性氨基酸一端的选择。胰蛋白酶对这些键的敏感性次序为：酯键 > 酰胺键 > 肽键。

本实验用人工合成的 N-苯甲酰-L-精氨酸乙酯（N-benzoyl-L-arginine ethyl ester，BAEE）为底物测定胰蛋白酶活性。N-苯甲酰-L-精氨酸乙酯（BAEE）在碱性条件下，经胰蛋白酶作用水解去一个乙基生成 N-苯甲酰-L-精氨酸（BA）。由于 BAEE 在波长 253 nm 处的光吸收值远远弱于 BA，因此以加入酶为零点，测定在 x 分钟内的递增吸光值，通过酶的定义求出酶活性。胰蛋白酶的 BAEE 单位定义为：以 BAEE 为底物，在一定反应条件下，每分钟使 ΔA_{253} 增加 0.001 的酶量为一个 BAEE 单位。

从动物胰脏中提取胰蛋白酶时，一般是用稀酸溶液将胰腺细胞中含有的酶原提取出来，然后再根据等电点沉淀的原理，调节 pH 以沉淀除去大量的酸性杂蛋白以及非蛋白杂质，再以硫酸铵分级盐析将胰蛋白酶原等（包括大量糜蛋白酶原和弹性蛋白酶原）沉淀析出。经溶解后，以极少量活性胰蛋白酶激活，使其酶原转变为有活性的胰蛋白酶（糜蛋白酶和弹性蛋白酶同时也被激活），被激活的酶溶液再以盐析分级的方法除去糜蛋白酶及弹性蛋白酶等组分。收集含胰蛋白酶的级分，并用结晶法进一步分离纯化。一般经过 2~3 次结晶后，可获得相当纯的胰蛋白酶，其比活力可达到 8000~10 000 BAEE 单位/mg 蛋白，甚至更高。如需制备更纯的制剂，可用上述酶溶液通过亲和层析方法纯化。

三、试剂与仪器

1. 试　剂

（1）pH 4~4.5 乙酸酸化水。

（2）2.5 mol/L H_2SO_4。

（3）2 mol/L HCl，0.01 mol/L HCl。

（4）5 mol/L NaOH。2 mol/L NaOH。

（5）硫酸铵。

（6）氯化钙。

（7）0.8 mol/L pH 9.0 硼酸缓冲液：取 20 mL 0.8 mol/L 硼酸溶液，加 80 mL 0.2 mol/L 四硼酸钠溶液，混合后，用 pH 计检查校正。

（8）0.4 mol/L pH 9.0 硼酸缓冲液（用 "7" 稀释 1 倍即可）。

（9）0.2 mol/L pH 8.0 硼酸缓冲液：取 70 mL 0.2 mol/L 硼酸溶液，加 30 mL 0.5 mol/L 四硼酸钠溶液，混合后，用 pH 计校正。

（10）0.05 mol/L pH 8.0 Tris-HCl 缓冲液：取 50 mL 0.1 mol/L Tris 加 29.2 mL mol/L HCl，加水定容至 100 mL。

（11）BAEE 底物溶液：每毫升 0.05 mol/L pH 8.0 Tris-HCl 缓冲液中加 0.34 mg BAEE 和 2.22 mg 氯化钙。

2. 仪　器

新鲜或冰冻猪胰脏；研钵、组织匀浆机、大玻璃漏斗、布氏漏斗、抽滤瓶、纱布、恒温水浴锅、紫外分光光度计、pH 计。

四、实验步骤

1. 猪胰蛋白酶结晶

新鲜猪胰脏 1.0 kg（或杀后立即冷藏的），除去脂肪和结缔组织后，绞碎，加入 2 倍体积已冷却的乙酸酸化水（pH 4.0~4.5），于 10~15 ℃搅拌提取 24h，四层纱布过滤，得乳白色滤液，用 2.5 mol/L H_2SO_4 调 pH 至 2.5~3.0，放置 3~4 h 后用折叠滤纸过滤，得黄色透明滤液（约 1.5 L），加入固体硫酸铵（先研细），使溶液达 0.75 饱和度（每升滤液加 492 g），放置过夜后抽滤（挤压干），滤饼分次加入 10 倍体积（按饼重计）冷的蒸馏水，使滤饼溶解，得胰蛋白酶原溶液。取样 0.5 mL 进行活化：慢慢加入研细的固体无水氯化钙（滤饼中硫酸铵的含量按饼重的 1/4 计），使 Ca^{2+} 与 SO_4^{2-} 结合后，溶液中仍含有 0.1 mol/L $CaCl_2$，边加边搅拌，用 5 mol/L NaOH 调 pH 至 8.0，加入极少量猪胰蛋白酶，轻轻搅拌，于室温下活化 8～10 h（2～3 h 取样一次，并用 0.001 mol/L HCl 稀释），测定酶活性增加的情况。活化完成（比活力 3500～4000 BAEE 单位）后，用 2.5 mol/L H_2SO_4 调 pH 至 2.5～3.0，抽滤除去 $CaSO_4$ 沉淀，弃去滤饼，滤液取样测定胰蛋白酶活性及蛋白质含量，按 242 g/L 加入细粉状固体硫酸铵，使溶液达到 0.4 饱和度，放置数小时后，抽滤，弃去滤饼，滤液按 250 g/L 加入研细的硫酸铵，使溶液饱和度达到 0.75，放置数小时，抽滤，弃去滤液，滤饼（粗胰蛋白酶）溶解后进行结晶：按每克滤饼溶于 1.0 mL pH 9.0 的 0.4 mol/L 硼酸缓冲液的量加入缓冲液，小心搅拌溶解，取样后，用 2 mol/L NaOH 调 pH 至 8.0。注意要小心调节，偏酸不易结晶，偏碱易失活，存放于冰箱。

放置数小时后，应出现大量絮状物，溶液逐渐变稠，呈胶态，再加入总体积 1/4～1/5 的 pH 8.0 的 0.2 mol/L 硼酸缓冲液，使胶态分散，必要时加入少许胰蛋白酶晶体。

放置 2～5 天可得到大量胰蛋白酶结晶，每天观察，核对 pH 是否为 8.0 并及时调整。用显微镜观察，待结晶析出完全时，抽滤，回收母液，一次结晶的胰蛋白酶产物再进行重结晶：用约 1 倍的 0.025 mol/L HCl 溶液使上述结晶分散，加入 1.0～1.5 倍体积 pH 9.0 的 0.8 mol/L 硼酸缓冲液，至结晶酶全部溶解，取样后，用 2 mol/L NaOH 调溶液 pH 至 8.0（准确）（体积过大，很难结晶），冰箱中放置 1～2 天，将大量结晶抽滤，得第二次结晶产物（母液回收），冰冻干燥后得重结晶的猪胰蛋白酶。

2. BAEE 法测定胰蛋白酶活性

取 2 个光程为 1 cm 的带盖石英比色杯，分别加入 25 ℃ 预热过的 2.8 mL 1.0 mmol/L BAEE 底物溶液。向一个比色杯内加入 0.2 mL 10 mmol/L HCl 溶液，作为空白，在波长 253 nm 下调节仪器零点；向另一个比色杯中加入 0.2 mL 待测酶液，立即盖上盖迅速混匀计时，每半分钟读数一次，共读 3～4 min。测得的结果要使 ΔA_{253}（nm/min）控制在 0.05～0.100。若偏离此范围，则要适当增减酶量。以时间（t）为横坐标、光吸收值（ΔA_{253}）为纵坐标作图，在直线部分任选一个时间间隔与相应的光吸收值变化（ΔA_{253}），按以下公式计算胰蛋白酶的活力单位。

$$BAEE单位(U/mL) = \frac{\Delta A_{253}}{0.001} \times N(稀释倍数)$$

$$BAEE比活性单位(U/mg) = \frac{测得的BAEE活性单位(U/mL)}{胰蛋白酶浓度(mg/mL) \times 加入体积(mL)}$$

五、注意事项

（1）胰脏必须是刚屠宰的新鲜组织或立即低温存放的，否则可能因组织自溶而导致实验失败。

（2）在室温 14～20 ℃ 条件下活化 8～12 h 可激活完全。激活时间过长，因酶本身自溶比活力会降低，比活力达到 "3000～4000 BAEE 单位/mg 蛋白" 时即可停止激活。

（3）要想获得胰蛋白酶结晶，在进行结晶时应十分细心地按规定条件操作，切勿粗心大意，前几步的分离纯化效果越好，则培养结晶也越容易，因此每一步操作都要严格。酶蛋白溶液过稀难形成结晶，过浓则易形成无定形沉淀析出，因此，必须恰到好处。一般来说，待结晶的溶液开始时应略呈浑浊状态。

（4）过酸或过碱都会影响结晶的形成及酶活力变化，必须严格控制 pH。

（5）第一次结晶时，3~5 d 后仍然无结晶，应检查 pH，必要时调整 pH 或接种，促使结晶形成。重结晶时间要短一些。

实验 2　胰弹性蛋白酶的制备及活力测定

一、实验目的

（1）学习弹性蛋白酶制备的方法。
（2）掌握弹性蛋白酶活力测定的原理。

二、实验原理

弹性蛋白酶（Elastase E C3.4.4.7），又称胰肽酶 E，是一种肽链内切酶，根据它水解弹性蛋白的专一性，又称为弹性水解酶。弹性酶为白色针状结晶，是由 240 个氨基酸残基组成的单一肽链，分子量为 25 900，等电点为 9.5。其最适 pH 随缓冲体系而略异，通常为 pH 7.4 ～ 10.3，在 0.1 mol/L 碳酸缓冲液中为 8.8。光吸收系数 ε（1cm，280 nm）= 5.74×10^4，E（1 cm，1%，280 nm）= 22.2（0.1 mol/L 氢氧化钠）；ε（1cm，280 nm）= 5.23×104，E（1cm，1%，280 nm）= 20.2（0.05 mol/L pH 8.0 乙酸钠）。

结晶弹性酶难溶于水，电泳纯的弹性酶易溶于水和稀盐酸（可达 50 mg/ mL），在 pH 4.5 以下溶解度较小，增大 pH 可以增加溶解度。弹性酶在 pH 4.0 ～ 10.5，于 20 ℃较稳定，pH < 6.0，稳定性有所增加。冻干粉于 5 ℃可保存 6 ～ 12 个月，在 – 10 ℃保存更为稳定。弹性蛋白唯有弹性酶才能水解；弹性酶除能水解弹性蛋白外，还可水解血红蛋白、血纤维蛋白。钠可抑制 50%酶活力，氰化钠、硫酸铵。许多抑制剂能使弹性酶活力降低或消失，如 10^5 mol/L 硫酸铜，7×10^2 mol/L 氯化铜，上述抑制作用一般多为可逆。氯化钾、三氯化磷也有类似作用另外大豆胰蛋白酶抑制剂、血清或肠内非透析物等也有抑制作用。其他如硫代苹果酸、巯基琥珀酸、二异丙基氟代磷酸等均能强力抑制酶活力。所得产品以刚果红弹性蛋白为底物，采用比色法测其活力。

三、试剂与仪器

1. 试　剂

（1）0.1 mol/L pH 4.5 醋酸缓冲液：NaAc·3H$_2$O 5.85 g 与 36%醋酸溶液 9.51 mL（冰醋酸 3.42 mL）溶于水，稀释至 1 000 mL，pH 计校正。

（2）1.0 mol/L pH 9.3 氯化铵缓冲液：26.8 g 氯化铵溶于 500 mL 水中，用浓氯水调整至 pH 9.3。

（3）pH 8.8 硼酸缓冲液：取 3.72 g 硼酸和 13.43 g 硼砂溶于水，稀释至 1 000 mL，pH 计校正。

（4）pH 6.0 磷酸缓冲液：取 KH$_2$PO$_4$ 6.071 g，NaOH 0.215 g 溶于 1 000 mL 水中，pH 计校正。

（5）2 mol/L 醋酸。

（6）丙酮。

（7）刚果红弹性蛋白。

（8）弹性酶纯品。

（9）Amberlite CG50 树脂。

2. 仪　器

组织捣碎机、电动搅拌器、布氏漏斗、吸滤瓶、抽气泵、剪刀、烧杯、烧杯、绸布、量筒、玻璃棒、试管、吸量管、真空干燥器及真空泵。

四、实验步骤

1. 预处理及细胞破碎

取冻胰脏，剪去脂肪，切成小块。称取 100 g，加入 50 mL 醋酸缓冲液（内含 0.05 mol/L $CaCl_2$），用组织捣碎机搅碎，静置活化。

2. 提　取

再加入 200 mL 0.1 mol/L pH 4.5 醋酸缓冲液，25 ℃ 搅拌（机械搅拌）提取 1.5 h。离心（3 000 r/min，15 min）除去上层油脂及沉淀。用绸布挤滤，保留滤液。

3. 树脂吸附

滤液中加 100 mL 蒸馏水及 40 g（抽干重）经过处理的 Amberlite CG50 树脂，于 20～25 ℃ 搅拌吸附 2.5 h。倾去上层液体，树脂用蒸馏水洗涤，重复洗涤 5～6 次。

树脂处理：取干 Amoerlite CG50 树脂，水漂洗后加 5 倍体积 1 mol/L NaOH 搅拌 2 h，水洗至中性；加 5 倍体积 1 mol/L HCl 处理 2 h，水洗至中性；再用 pH 4.5 0.1 mol/L 醋酸缓冲液平衡过夜。

4. 解　析

树脂中加 50 mL 1 mol/L pH 9.3 NH_4Cl 溶液，搅拌洗脱 1h。洗脱过程中每隔 10 min 测一次 pH，整个过程须保证 5.2 < pH < 6.0，否则用氨水调节。经布氏漏斗过滤的洗脱液调节至 pH 7.0，置冰箱或冰盐浴预冷 15 min。

5. 成品收集

在 −5 ℃ 条件下边搅拌边加入 3 倍体积冷丙酮，继续搅 2 min。低温静置 20 min。离心（3 000 r/min，15 min），收集沉淀，将沉淀移入离心试管中，用 10 倍量冷丙酮分两次洗涤，离心，再用 5 倍量乙醚洗一次，离心。置真空干燥器内，用 P_2O_5 干燥得弹性酶粉，称重。

6. 活力测定

活力单位定义：在 pH 8.8，37 ℃ 条件下作用 20 min，水解 1.0 mg 刚果红弹性蛋白的酶量定义为一个活力单位。

（1）标准曲线的制作：取 6 支试管，按表 4.1 操作：

表 4.1　测定胰弹性蛋白酶的活力标准曲线的制作

试剂用量/mL	管　号					
	1	2	3	4	5	6
刚果红弹性蛋白/mg	5	10	15	20	25	10
弹性酶液	5	5	5	5	5	0
pH 8.8 硼酸缓冲液	—	—	—	—	—	5
37 ℃ 水解 60 min（间歇搅拌 30 次）						
pH 6.6 磷酸缓冲液	5	5	5	5	5	5
3 000 r/min 离心 10 min，离心后取上清液						
A_{495}						

（2）样品测定

精确称取样品 5 mg 左右（如效价高可适当减少），置于乳钵中，加 5 mL（先加少量）pH 8.8 硼酸缓冲液，研磨至完全溶解。吸取 1 mL 于大试管中，用上述缓冲液配制每毫升 5～10 单位的待测液，取 3 支试管按表 4.2 操作：

表 4.2　胰弹性蛋白酶的活力测定

试剂用量/mL	管　号		
	1	2	3
刚果红弹性蛋白/mg	6	6	6
待测酶液	1	1	0
pH 8.8 硼酸缓冲液	4	4	5
37 ℃ 水解 20 min（间歇搅拌 20 次）			
pH 6.6 磷酸缓冲液	5	5	5
3 000 r/min 离心，10 min，离心后取上清液			
A_{495}			

取平均吸收值，由标准曲线查得酶活力单位数，再由稀释倍数换算出弹性酶比活力，并折算总收率。

五、思考题

（1）弹性蛋白酶制备的原理是什么？
（2）影响弹性蛋白酶收率的因素有哪些？

实验 3　壳聚糖–戊二醛交联吸附法固定胰蛋白酶

一、实验目的

（1）学习壳聚糖-戊二醛交联吸附法固定蛋白酶的基本方法。
（2）学习固定化胰蛋白酶活性的测定方法。

二、实验原理

固定化酶（Immobilized Enzyme）技术就是利用物理或化学手段将游离的酶或微生物细胞定位于限定的空间领域，并使其保持活性且能反复利用的一项技术。固定化酶技术在发酵工业、食品工业、医药工业、有机合成工业、环境净化等各个领域都有广泛的应用。

壳聚糖（Chitosan）是甲壳素（Chitin）脱乙酰基的产物，是由大部分 2-氨基 2-脱氧-β-D-葡萄糖单元和少量 N-乙酰基-2-氨基 2-脱氧-β-D-葡萄糖单元以 β-1,4-糖苷键连接的二元线性共聚物，分子量通常在几十万到上百万，其结构式如下所示。壳聚糖除具有多糖结构外还含有氨基功能基团，具有优越的功能性和生理保健作用，是一种资源量丰富、性质独特、多功能的天然高分子生物材料；且具有良好的生物相容性，可被生物降解，无毒无害，对环境无污染；还具有很好的成胶性，易于加工成粉、膜、多孔微球、凝胶、纳米粒子等多种形态，是一类性能优良的固定化酶载体。近年来，有关壳聚糖及其衍生物应用于固定化酶方面的研究报道很多，已经用于 100 多种酶的固定化。

本实验采用壳聚糖-戊二醛交联吸附法固定胰蛋白酶来制备固定化胰蛋白酶，其原理是利用戊二醛的双官能团醛基与壳聚糖和酶分子非活性侧链基团中的氨基发生亲核加成反应生成西佛碱（Schiff Base）。通过共价键结合，其键合机理如下：

壳聚糖的氨基 + OHC(CH$_2$)$_3$CHO + 酶的氨基 $\longrightarrow$ 壳聚糖 —N=CH(CH$_2$)$_3$CH=N—酶

采用戊二醛为交联剂，酶能够通过化学键与载体结合。其优点是酶和载体的结合牢固，不易脱落，得到的固定化酶利于连续使用。

固定化酶的酶活性可以通过催化蛋白质底物的水解来分析。胰蛋白酶能催化蛋白质的水解，对于由碱性氨基酸（如精氨酸、赖氨酸）的羧基所组成的肽键具有高度的专一性。胰蛋白酶不仅能水解肽键而且也能水解酰胺键和酯键。因此可用人工合成的酰胺及酯类化合物为底物来测定胰蛋白酶的活力。本实验采用人工合成的苯甲酰-L-精氨酸-β-萘酰（Benzoyl-L-arginine naphthylamide，BANA）为底物测定胰蛋白酶活力。胰蛋白酶活力单位定义是在一定条件下，每分钟能水解底物 BANA 导致吸光度变化 0.01 的酶活力，称为一个酶活力单位。

三、试剂与仪器

1. 试　剂

（1）壳聚糖。

（2）1%戊二醛：吸取 50%的戊二醛 3.0 mL，用双蒸馏水稀释到 150 mL。

（3）0.05 mol/L pH 7.8 磷酸缓冲液：16.476 g Na$_2$HPO$_4$·12H$_2$O（分子量 358.16）和 0.625 g NaH$_2$PO$_4$·2H$_2$O（分子量 156.03），溶于水，定容至 1 000 mL，用 pH 计校正。

（4）标准胰蛋白酶液（1.0 mg/mL）：称取 20 mg 胰蛋白酶（Cat.No. AMRESCO0458，美国），用 20 mL pH 7.8 磷酸缓冲液溶解。

（5）0.06% BANA 底物溶液（苯甲酰-L-精氨酸-β-萘胺）：取 BANA 60 mg，加 95%乙醇 20 mL，使溶解，用 pH 7.8、0.2 mol/L 磷酸缓冲液定容至 100 mL。

（6）0.05%萘基乙二胺盐酸盐（NEDA）乙醇溶液。

（7）5 mol/L NaOH 溶液。

（8）0.5%氨基磺酸铵溶液。

（9）0.1%亚硝酸钠溶液。

（10）1%醋酸。

（11）2 mol/L HCl 溶液。

2. 仪　器

磁力搅拌器、玻璃漏斗、漏斗、三颈烧瓶、乳钵、紫外分光光度计、层析柱、温度计、量筒、抽吸瓶、加样枪、烧杯。

四、实验步骤

1. 载体活化

称取 0.15 g 壳聚糖，放置于烧杯中，加入 1%的醋酸溶液 15 mL，用玻璃棒搅拌至均匀；边搅拌边缓慢加入约 720 μL 5 mol/L NaOH 溶液，生成白色絮状沉淀，搅拌均匀。再用四层纱布过滤，弃去滤液。用 PBS 将白色絮状沉淀冲洗至中性，再次过滤，弃滤液。向白色絮状沉淀中加入 15 mL 1%的戊二醛，置于室温摇床中（120 r/min）5 h，使载体活化。

2．交联吸附胰蛋白酶

将活化好的载体从摇床中取出，用 PBS 反复冲洗载体，将残余戊二醛洗净；加入 10 mL 标准胰蛋白酶液，置于 4 ℃摇床中（80 r/min）交联吸附 8～12 h。待交联吸附完毕后，用超纯水反复冲洗、抽滤，洗去未固定化的酶，即得到固定化胰蛋白酶。用 10 mL pH 7.8 磷酸缓冲液重悬固定化胰蛋白酶，备用。

五、实验数据处理

由此求出：（1）每克固定化酶的活力；将实验中测得的数据填入表 4.3 中。固定化胰蛋白酶活力用下式计算：

$$P = \frac{A}{V \times 0.01 \times 15}$$

式中　P —— 每毫升供试品中的胰蛋白酶单位；

　　　A —— 样品液的吸光度；

　　　V —— 标准蛋白酶液或固定化酶液体积，mL。

表 4.3　固定化酶实验数据记录

试剂用量/mL	管　号				
	0	1	2	3	4
标准酶液	0	0.5	0.5	0	0
固定化酶重悬液	0	0	0	0.5	0.5
pH 7.8 PBS	0.5	0	0	0.5	0.5
2 mol/L HCl	0.5	0	0	0	0
底物（BANA）	0.5	0.5	0.5	0.5	0.5
37 ℃准确反应 15 min					
2 mol/L HCl	0	0.5	0.5	0.5	0.5
0.1% $NaNO_2$	1	1	1	1	1
摇匀，放置 3min 以上					
0.5%氨基磺酸铵	1	1	1	1	1
摇匀，放置 2 min 以上					
NEDA	2	2	2	2	2
摇匀，放置 0.5 h，2 500 r/min 离心 5 min					
A_{580}					
比活力/μ·mL					

（2）固定化酶总活力。

（3）固定化酶活力回收率。

（4）酶固定化效率。

六、思考题

（1）本实验的关键环节是什么？应采取什么措施，为什么？

（2）在本实验中测定固定化胰蛋白酶活性时应该注意哪些问题？

实验 4 亲和层析法制取胰蛋白酶抑制剂

一、实验目的

（1）学习利用固定化胰蛋白酶作为亲和吸附剂制取相应的酶抑制剂的方法。

（2）了解亲和层析的基本步骤和洗涤、洗脱的基本规律。

二、实验原理

胰蛋白酶抑制剂（Trypsin Inhibitor，TI）是对胰蛋白酶具有抑制作用的一类物质。Kunitz最早从牛胰腺中提取出胰蛋白酶抑制剂，现在发现其在动物、植物、微生物中都广泛存在，并且不同来源的胰蛋白酶抑制剂具有不同的分子量、氨基酸组成、氨基酸序列及分子结构。分子中的活性部位是赖氨酸，抑制作用主要是与胰蛋白酶等酶的丝氨酸结合，使其失活，在临床上广泛用于治疗胰腺炎、休克和脑外科、手术止血等。胰蛋白酶抑制剂通过抑制激肽释放酶以及纤溶酶而达到止血的目的，能显著减少手术中及手术后病人的出血，临床研究表明其副作用小、安全性好。胰蛋白酶抑制剂广泛存在于豆类、谷类、油料作物等植物中。胰蛋白酶抑制剂在这些作物的各部位均有分布，但主要存在于作物的种子中。在种子内，胰蛋白酶抑制剂主要分布于蛋白质含量丰富的组织或器官，定位于蛋白体、液泡或存在于细胞液中。例如，大豆和绿豆种子中胰蛋白酶抑制剂的含量可达总蛋白的 6%~8%。在不同作物种子中，胰蛋白酶抑制剂的活性各不相同，通常以大豆中胰蛋白酶抑制剂活性最高。在禽类的蛋清中存在两种蛋白酶抑制剂——卵类黏蛋白和卵清蛋白酶抑制剂。卵类黏蛋白可抑制猪、羊和牛的胰蛋白酶的活性，但对人体胰蛋白酶活性无抑制作用。卵清蛋白酶抑制剂的存在可以防止蛋白质的分解，阻止细菌在蛋中繁殖，因而具有保护蛋黄和卵胚的作用。目前常用的蛋白酶抑制剂制备方法有盐析法、有机溶剂沉淀法、离子交换法及亲和层析法等，其中亲和层析法纯化倍数最高。

亲和层析（Affinity Chromatography，AC）又称为生物专一性吸附层析，是根据生物大分子与一些相应物质进行专一性结合的特征设计的。这些能专一结合的物质有：抗原和抗体、酶和底物及抑制剂、核酸互补链、药物与受体等。将其中一种物质（配基）结合于适当的固体支持物（载体）上，通过层析可以把微量的对应物质从大量的杂质中分离出来。亲和层析已经广泛应用于生物分子的分离和纯化，如结合蛋白、酶、抑制剂、抗原、抗体、激素、激素受体、糖蛋白、核酸及多糖类等；也可以用于分离细胞、细胞器、病毒等。其最大优点在于，利用它可以从粗提物中经过一些简单的处理得到所需的高纯度活性物质。

本实验使用壳聚糖固定化胰蛋白酶作为亲和吸附剂，在一定的 pH 和离子强度下，通过亲和层析将鸡蛋清中的卵类粘蛋白（一种天然的胰蛋白酶抑制剂）吸附于柱上，再改变条件将抑制剂洗脱下来，达到提取、纯化的目的。

三、试剂与仪器

1. 试　剂

（1）0.05 mol/L pH7.8 磷酸缓冲液：16.476 g $Na_2HPO_4 \cdot 12H_2O$（分子量 358.16）和 0.625 g $NaH_2PO_4 \cdot 2H_2O$（分子量 156.03），溶于水，定容至 1 000 mL，pH 计校正。

（2）0.06% BANA 乙醇溶液：取 BANA 60 mg，95%乙醇 20 mL，使溶解，用 pH 7.8、0.2 mol/L 磷酸缓冲液定容至 100 mL。

（3）0.05%萘基乙二胺盐酸盐（NEDA）乙醇溶液。

（4）0.1 mol/L pH 7.5 Tris-HCl 缓冲液（内含 0.01 mol/L $CaCl_2$、0.5 mol/L NaCl）：取三羟甲基氨基甲烷 12.12 g 溶于水，分别加入 $CaCl_2$ 1.1 g、NaCl 29.2 g 和 1 mol/L HCl 40 mL，定容至 1 000 mL，pH 计校正；

（5）0.5 mol/L pH 2.5 甘氨酸缓冲液：取 3.75 g 甘氨酸溶于水，加 1 mol/L HCl 溶液 28.3 mL，用水稀释至 1 000 mL，pH 计校正；

（6）0.05% NEDA 乙醇溶液。

（7）0.1% 亚硝酸钠溶液。

（8）标准酶液（20 μg/ mL）：称 2 mg 胰蛋白酶结晶，用 pH 7.8 磷酸缓冲液定容至 100 mL。

（9）鸡蛋 1 枚。

（10）大豆胰蛋白酶抑制剂。

（11）0.5%氨基磺酸铵溶液。

2. 仪　器

烧杯（2 000 mL、500 mL、250 mL、125 mL）、磁力搅拌器、玻璃漏斗、砂芯漏斗、吸滤瓶、量筒、温度计、层析柱（1.5 cm×20 cm）、玻璃棒、小试管及试管架、移液管、滴管、紫外分光光度计、恒温水浴锅、恒流泵、自动收集器。

四、实验步骤

1. 亲　和

将制备的固定化胰蛋白酶（见实验 3）先在室温放置 30 min，抽气后装柱，用 50 mL pH7.5 的 Tris-HCl 缓冲液过柱，以平衡凝胶，同时稳定柱床，流速 2 mL/min，至流出液达 pH 7.0 左右。取已打匀的新鲜鸡蛋清 2 mL，用上述缓冲液 10 mL 稀释，用电磁搅拌机打匀，过滤后上柱吸附，流速小于 3 滴/min。然后用相同的缓冲液洗柱，流速小于 2 mL/min，直至流出液在紫外分光光度计 280 nm 处读数不大于 0.02（约洗 100 mL）。再用 pH4.8 醋酸缓冲液 15 mL 洗柱，流速 1 mL/min，以除去吸附力较强的杂蛋白。

2. 洗　脱

以 0.05 mol/L pH2.5 的甘氨酸缓冲液洗脱，流速小于 5 滴/min。用小试管收集洗脱液，每管 3 mL，当洗脱液体积累计达 25 mL 以上时，以紫外分光光度计测定各管蛋白质含量

（280 nm）。

3. 抑制剂活力测定

将蛋白浓度高的 2~3 管洗脱液合并，测 A_{280}。用蒸馏水稀释 10 倍，测其对胰蛋白酶的抑制活力。将大豆胰蛋白酶抑制剂 2 mg 溶于 40 mL pH 7.8 的磷酸缓冲液中，作为对照。蛋清溶液：鲜蛋清 1 mL，用生理盐水稀释 20 倍，电磁搅拌器打匀后，再用 pH 7.8 磷酸缓冲液稀释 20 倍。测 A_{580} 及胰蛋白酶抑制剂活力。取 7 支试管，分别按表 4.4 操作。

表 4.4　胰蛋白酶抑制剂的活力测定数据

试剂用量/mL	管　号						
	0	1	2	3	4	5	6
标准酶液	0	0.25	0.25	0.25	0.25	0.25	0.25
标准抑制剂（50 μg/mL）	0	0	0.25	0	0	0	0
蛋清稀释液（1/400）	0	0	0	0.125	0.125	0	0
洗脱收集液（1/10）	0	0	0	0	0	0.125	0.25
pH 7.8 PBS	0.5	0.25	0	0.125	0	0.125	0
2 mol/L HCl	0.5	0	0	0	0	0	0
底物（BANA）	0.5	0.5	0.5	0.5	0.5	0.5	0.5
37 ℃准确反应 15 min							
2 mol/L HCl	0	0.5	0.5	0.5	0.5	0.5	0.5
0.1% NaNO$_2$	1	1	1	1	1	1	1
摇匀，放置 3 min 以上							
0.5%氨基磺酸铵	1	1	1	1	1	1	1
摇匀，放置 2 min 以上							
NEDA	2	2	2	2	2	2	2
摇匀，放置 0.5 h，2 500 r/min 离心 5 min							
A_{580}							
剩余活力/U·mg^{-1}							
抑制效价							

五、实验结果处理

抑制效价的计算公式：

$$P_{抑} = (U_1 - U_2) \times M_1 / M_2$$

式中　U_1 ——标准胰蛋白酶效价；

　　　U_2 ——标准胰白酶经抑制后的剩余效价；

M_1，M_2 —— 反应中标准酶及抑制剂的质量，mg。

分别计算：

（1）鸡蛋清抑制效价；

（2）亲和后收集液抑制效价；

（3）卵类黏蛋白亲和纯化倍数；

（4）抑制剂活力回收率。

六、思考题

（1）亲和层析时为何要将蛋清稀释，这样是否会影响抑制剂的收率？

（2）亲和层析的洗脱除用低 pH 洗脱液外，还有哪些洗脱方法？

实验 5 SDS–PAGE 蛋白质电泳和蛋白质印迹检测

一、实验目的

（1）掌握实验室 SDS-PAGE 和 Western-blot 检测蛋白质的目的和方法原理。
（2）学习 SDS-PAGE 和 Western-blot 操作技术及其在蛋白质鉴定中的应用。

二、实验原理

蛋白质在聚丙烯酰胺凝胶中电泳时，迁移率取决于它所带净电荷以及分子的大小和形状等因素。如在 PAGE 胶系统中加入阴离子去污剂十二烷基硫酸钠（SDS），在蛋白质溶液中加入 SDS 和巯基乙醇后，巯基乙醇能使蛋白质分子中的二硫键还原；SDS 能使蛋白质的氢键、疏水键打开，并结合到蛋白质分子上，形成蛋白质-SDS 复合物。为保证蛋白质与 SDS 的充分结合，它们的重量比应该为 1∶4 或 1∶3。各种蛋白质的 SDS 复合物都近似长椭圆形，带相同密度的负电荷，在凝胶电泳中的迁移率不再受蛋白质原有电荷和形状的影响，而主要取决于它的分子量的大小。因而 SDS- PAGE 电泳可以使分子大小不同的蛋白质分开，也可以测定蛋白质的相对分子质量。分子量在 15 000～200 000 Da 范围内，蛋白质的迁移率和分子量的对数呈线性关系，符合下式：

$$\lg M = K - bX$$

式中　M——相对分子质量；

　　　X——未知蛋白质相对迁移率；

　　　k、b——常数。

若将已知分子量的标准蛋白质的相对迁移率 X 对分子量的对数 $\lg M$ 作图，可得一条标准曲线，未知蛋白质在相同条件下进行电泳，根据它的相对迁移率即可在标准曲线上求得分子量，误差一般在±10%以内。有许多蛋白质是由两条或两条以上肽链（如血红蛋白）组成的，它们在 SDS 和巯基乙醇作用下，解离成亚基或单条肽链，因此测定这一类蛋白质时测得的只是它们的亚基或单条肽链的分子量。

经过 PAGE 分离的蛋白质样品，转移到固相载体（如硝酸纤维素薄膜）上，固相载体以非共价键形式吸附蛋白质，且能保持电泳分离的多肽类型及其生物活性不变。以固相载体上的蛋白质或多肽作为抗原，与对应的抗体发生免疫反应，再与酶或同位素标记的第二抗体发生反应，经过底物显色或放射自显影，以检测电泳分离的特异性目的基因表达的蛋白成分。

三、试剂与仪器

1. 试 剂

（1）30%丙烯酰胺：丙烯酰胺 30 g、N, N'-甲叉双丙烯酰胺 0.8 g，用 60 mL ddH$_2$O 在 37 ℃

溶解，定容至 100 mL，置 4 ℃ 保存。

注意： 制备丙烯酰胺时必须戴手套和穿保护衣服！丙烯酰胺是一种强力可积累的神经毒素。

（2）分离胶 Tris-HCl 缓冲液，pH 8.8：在 60 mL H_2O 中溶解 18.2 g Tris 碱（1.5 mol/L），用 1 mol/L HCl 调节至 pH 8.8，补加 H_2O 至总体积 100 mL。于 4 ℃ 保存。

（3）浓缩胶 Tris-HCl 缓冲液，pH 6.8：在 40 mL H_2O 中溶解 12.1 g Tris 碱（1 mol/L），用 1 mol/L HCl 调节至 pH 6.8，补加 H_2O 至总体积为 100 mL。于 4 ℃ 保存。

（4）2×SDS-PAGE 加样缓冲液（30 mL）：2.4 mL 浓缩胶 pH 6.8 缓冲液、β-巯基乙醇 1.8 mL、10% SDS（电泳级）6 mL、溴酚蓝 0.1 mg、甘油 3.75 mL，用 ddH_2O 稀释至 30 mL。分为 1 mL/支储存于 – 20 ℃。

（5）10×Tris-Gly 电泳缓冲液：29.0 g Tris、144.0 g 甘氨酸、10.0 g SDS，用水定容到 1 000 mL。无须调节 pH。

（6）考马斯亮蓝 R-250 染色液（100 mL）：考马斯亮蓝 0.25 g、甲醇 45 mL、水 45 mL、冰醋酸 10 mL 混匀。

（7）凝胶脱色液（100 mL）：甲醇 45 mL、水 45 mL、冰醋酸 10 mL 混匀；

（8）10 %过硫酸铵，新鲜配制。

（9）低分子量标准蛋白（14.4～94 kDa）。

（10）N, N, N', N'-四甲基乙二胺（TEMED）：密封于 4 ℃ 保存。

（11）10% 十二烷基硫酸钠（SDS）：称 10 g SDS，加 ddH_2O 至 100 mL，微热使其溶解，置于试剂瓶中储存。

（12）电转液：称取 Tris 3.0 g、甘氨酸 14.4 g、SDS 0.37 g，加水约 800 mL，搅拌均匀，定容至 1 L。

（13）显色液。

（14）牛血清蛋白。

（15）磷酸盐缓冲液。

（16）Tween-20。

2. 仪　器

（1）稳压稳流定时电泳仪。

（2）夹心式垂直板型电泳槽。

（3）转膜仪。

（4）微量进样器。

（5）水浴锅。

四、实验步骤

1. SDS-PAGE 蛋白质电泳

（1）分离胶的制备：

按表 4.5 所列的试剂用量及步骤配好胶液，混匀后，迅速加入两块玻璃板间隙中，使胶液面与矮玻璃和高玻璃之间形成凹槽处处平齐，而后插入"加样梳"，在室温下放置 1 h 左右，分离胶即可完全凝集。凝聚后，慢慢取出"加样梳"，取出时应防止把加样孔弄破，取出"加样梳"后，在形成的加样孔中加入蒸馏水，冲洗未凝集的丙烯酰胺，倒出加样孔中的蒸馏水后，再加入已稀释的电极缓冲液。

表 4.5　分离胶的制备

试剂用量/mL	凝胶浓度				
	5%	7.5%	10%	12.5%	15%
凝胶贮液	5	7.5	10	12.5	15
1 mol/LpH 8.8 Tris-HCl	11.2	11.2	11.2	11.2	11.2
水	13.7	11.2	1.2	8.7	3.7
10% SDS	0.3				
10% 过硫酸铵	0.1				
TEMED/μL	20				

（2）样品制备：

待测蛋白样品制备：液体待测样品，可取 500 μL，加入等体积的"2×样品稀释液"，混匀，在沸水浴中加热 5 min，取出，冷却至室温，备用。若液体待测样品蛋白质浓度太小，可经浓缩后再制备。

（3）点样：用微量进样针吸取上述蛋白质样品 20 μL，分别加入各个加样孔中。为了获得准确的结果，每个样品应做两次重复。

（4）电泳：将电泳槽与电泳仪连接，在电泳槽中加入已经稀释的电极缓冲液，打开电源，选择合适电压，保持恒电压 300 V 进行电泳，直至样品中染料迁移至离下端 1 cm 处，停止。

（5）固定，染色，脱色：将凝胶浸入考马斯亮蓝染色液中，置摇床上缓慢振荡 30 min 以上（染色时间需根据凝胶厚度适当调整）。取出凝胶，在水中漂洗数次，再加入考马斯亮蓝脱色液，振荡。凝胶脱色至大致看清条带约需 1 h，完全脱色则需更换脱色液 2~3 次。

2. Western-blot 操作步骤

（1）蛋白分离：SDS-PAGE。

注：跑胶同时将 NC 膜和滤纸裁剪好，泡在蛋白转膜缓冲液中 30min，跑好的膜浸泡在蛋白转膜缓冲液中 15 min。

（2）转膜：用转膜 buffer 润湿两电极板，按滤纸、膜、胶、滤纸的顺序贴于电极板上，恒压 15 V 转膜 1 h。

注：胶内蛋白带负电荷，蛋白将由负极向正极移动，不同的装置正负极方向可能不同，应注意膜与胶的顺序，此处正极在下，故有此顺序。

（3）封闭：用超纯水涮洗一次转好的膜，置于含 3%BSA 的 PBS 中室温封闭 2 h（期间不停摇晃）。

（4）洗涤：膜置于 PBST 中摇晃洗涤 4 次，每次 5 min。

（5）一抗孵育：膜于一抗稀释液（1∶300）中4℃孵育过夜。

（6）洗涤同（4）。

（7）二抗孵育：膜于二抗稀释液（1∶3000）中室温孵育1.5 h。

（8）洗涤同（4）。

（9）加显色液。

五、注意事项

（1）免疫印迹杂交的敏感与检测系统有关，因此，凝胶电泳时的蛋白上样量应该保证被检测抗原量不至于太低，如果过低，应该重新纯化和浓缩后使用，或者建议做一次梯度稀释。上样电泳后，直接考马斯亮蓝染色，选择最佳上样量。纯化和浓缩的蛋白质样品必须注意盐的浓度，若过高，可平衡一下盐的浓度，如透析。

（2）形成凝胶的试剂要有足够的纯度，激活剂的浓度适当，不仅可以决定凝胶聚合的速度，也将影响凝胶的质量。聚胶时的温度也将影响凝胶聚合的速度，因此，建议根据不同温度适量增减激活剂的用量，以保证分离胶从加入激活剂起至开始出现凝胶凝聚的时间为15～20 min。对于浓缩胶，最佳聚合时间为8～10 min。灌完分离胶加水封闭分离胶与外界氧气的结合。

（3）未聚合的丙烯酰胺具有神经毒性，操作时应该戴手套防护。梳子插入浓缩胶时，应确保没有气泡，可将梳子稍微倾斜插入，以减少气泡的产生；梳子拔出时应该小心，不要破坏加样孔。如果加样孔上的凝胶歪斜，可用针头插入加样孔中纠正，但要避免针头刺入胶内。

（4）电泳槽内加入电泳缓冲液冲洗，清除黏附在凝胶底部的气体和未聚合的丙烯酰胺；同时建议低电压短时间预电泳（恒压 10～20 V，20～30 min），清除凝胶内的杂质，疏通凝胶孔径以保证电泳过程中电泳的畅通。

（5）加样前样品应先离心，尤其是长时间放置的样品，以减少蛋白质带的拖尾现象。

（6）为避免边缘效应，可在未加样的孔中加入等量的样品缓冲液。

（7）样品缓冲液中煮沸的样品可在 −20℃ 存放数天，但是反复冻熔会使蛋白质降解。

（8）为减少蛋白质条带的扩散，上样后应尽快进行电泳，电泳结束后也应尽快转印。

（9）上样时，小心不要使样品溢出而污染相邻加样孔。

（10）取出凝胶后应注意分清上下，可用刀片切去凝胶的一角作为标记（如左上角）；转膜时也应用同样的方法对 NC 膜做上标记（如左上角），以分清正反面和上下关系。

（11）转膜时应依次放好 NC 膜与凝胶所对应的电极，即凝胶对应负极，NC 膜对应正极。

实验 6 碱裂解法制备质粒 DNA

一、实验目的

（1）了解碱裂解法制备质粒 DNA、限制性酶酶切质粒 DNA 和琼脂糖凝胶电泳进行鉴定的工作原理。

（2）掌握碱裂解法制备质粒 DNA、限制性酶酶切质粒 DNA 和琼脂糖凝胶电泳进行鉴定的常规分子克隆技术方法。

二、实验原理

质粒（Plasmid）DNA 是微生物细胞中分子量比染色体 DNA 小得多的双链、共价、闭合环状 DNA 分子，是一种存在于染色体外，但能够自主复制的遗传因子，在细胞内有严紧型与松弛型两种复制类型。作为基因工程常用的克隆与表达外源基因载体的质粒是松弛型的。

质粒的提取方法有很多种，主要有碱裂解法、煮沸裂解法、氯化铯-溴乙啶密度梯度法和柱层析法等。而碱裂解法是制备质粒 DNA 最常用的一种简便快速的制备方法之一，此方法提取的质粒 DNA 可用于限制性酶酶切消化、PCR 扩增、序列测定等。碱裂解法是依据共价闭合环状质粒 DNA 与染色体 DNA 在变性和复性特性之间存在差异进行的。在 NaOH 和十二烷基硫酸钠（SDS）溶液中，细菌细胞发生裂解，蛋白质和染色体 DNA 氢键断裂发生变性，而双链共价闭环质粒 DNA 分子变性程度小，其两条链仍靠得很近，就像一条链上的两个环链；当加入中和溶液（醋酸钾），调节 pH 至中性并保持高盐状态，质粒 DNA 的两条互补链重新退火，进而形成原始状态的质粒。离心后，大分子染色体 DNA 不能复性缠成网状结构，染色体 DNA、蛋白质在去垢剂 SDS 作用下就会与细胞碎片一起沉淀下来，而双链共价闭环质粒 DNA 可溶，则留在上清液中。用酚-氯仿抽提上清液中残余蛋白，进一步纯化，最后用乙醇沉淀得到高纯度质粒 DNA。

Ⅱ型限制酶就是进行 DNA 序列操作与鉴别常用的 DNA 限制性内切酶（Restriction Endonuclease），其酶切位点是由 4～6 bp 组成的具有一个旋转对称轴的精确回文结构（如 *EcoR* Ⅰ 的识别序列为 *GAATTC*）。酶切时，将双链 DNA 分子与适量的限制性酶置于供应商推荐的相应的缓冲液中进行混合保温，并在该酶的最适温度下进行反应。

琼脂糖凝胶电泳（Agarose Gel Electrophoresis）常用于质粒 DNA 或 DNA 片断的分离、纯化与鉴定。DNA 分子在电场中通过凝胶泳动的速率除与其所带电荷、分子大小有关外，还与其凝胶浓度、电泳电压、构象密切相关。给定大小的线状双链 DNA 分子，以不同速率通过不同浓度的琼脂糖凝胶，通过凝胶的速率与其分子量的对数成反比。利用不同浓度的凝胶，可分辨范围广泛、大小不同的 DNA 片段。为判断目的 DNA 片段的大小，常在同一凝胶的目的 DNA 旁加一标准分子量 DNA 参照物，同时电泳并染色。示踪染料溴酚蓝和二甲苯青染料在琼脂糖凝胶中的迁移速率大致分别与 300 bp 和 4 000 bp 大小的双链 DNA 片断相同。溴化乙啶可在做胶时混入，也可待电泳完成后将凝胶浸泡在稀释的溴化乙啶溶液中染色 45 min。它嵌插在 DNA 和 RNA 碱基之间，在紫外灯光下会显出橙黄色荧光，用 0.5 μg/mL 溴化乙啶染色，可在紫外灯下直接观察检测少至 1 ng 的 DNA。双链的质粒 DNA 分子具有三种不同的构象：共价闭合环状 DNA（cccDNA），开环 DNA（ocDNA），线性 DNA（cDNA），具有不同的电泳迁移率，可在琼脂糖凝胶电泳中分开。一般迁移率 cccDNA>cDNA>ocDNA。若出现线性质粒，说明制备过程中核酸酶被污染或操作方法不当。

三、试剂与仪器

1. 试　剂

（1）培养基：

① LB（Luria-Bertani）液体培养基：1% 胰蛋白胨（Tryptone），0.5%酵母提取物（Yeas Extract），1% NaCl，加蒸馏水配制，分装，高压蒸汽（$1.03×10^5$Pa）灭菌 20 min。

② 含抗生素的 LB 固体培养基：在 LB 液体培养基中加入 2%（W/V）琼脂，$1.03×10^5$Pa 高压蒸气灭菌 20 min，降至 65 ℃ 左右，在无菌条件下加入抗生素，氨苄青霉素的终浓度为 100 μg/mL，卡拉霉素的终浓度为 50 μg/mL。趁热分装在灭菌的培养皿内（≈20 mL 培养基），凝固后倒置，4 ℃ 保存备用，使用前 2 h 取出。

（2）氨苄青霉素（Amp）：无菌水配置或 0.22 μm 滤器过滤除菌（100 mg/mL），1 mL 分装，储存于 – 20 ℃。

（3）STE：0.1 mol/L NaCl，10 mmol/L Tris-HCl（pH 8.0），1 mmol/L EDTA（pH 8.0）。

（4）溶液Ⅰ：50 mmol/L 葡萄糖，25 mmol/L Tris-HCl（pH 8.0），10 mmol/L EDTA（pH 8.0）。每瓶 100 mL，在 $6.895×10^4$ Pa 高压下蒸汽灭菌 15 min，贮存于 4 ℃。临用时加热至室温。

溶液Ⅱ：0.4 mol/L NaOH 和 2% SDS，分开保存。

溶液Ⅲ：5 mol/L 醋酸钾 60 mL、冰乙酸 11.5 mL、水 28.5 mL 混匀。配好的溶液中含 3 mol/L 钾盐、5 mol/L 醋酸根（pH 4.8）。

苯酚-氯仿-异戊醇溶液（25：24：1）：重蒸苯酚以 1 mol/L Tris-HCl，（pH 8.0）平衡后，以 1：1 比例与氯仿和异戊醇（24：1，V/V）的混合物混合。

（8）70% 乙醇和无水乙醇。

（9）TE 缓冲液：10 mmol/L Tris-HCl（pH 8.0），1 mmol/L EDTA，含有 20 μg/ mL 无 DNA 酶的 RNase A。

限制性内切酶双酶切质粒 DNA（包括酶切片段的回收）试剂：

（1）共价闭合环状质粒 DNA；

（2）限制性内切酶 *EcoR* Ⅰ和 *Hind* Ⅲ；

（3）10×M 限制性内切酶缓冲液（TAKARA 公司）；

（4）胶回收试剂盒。

琼脂糖凝胶电泳试剂：

（1）琼脂糖。

（2）50×TAE 电泳缓冲液：242 g Tris、57.1 mL 冰醋酸、46.5 g EDTA，加入 600 mL 去离子水溶解，调 pH 8.2，加水定容至 1 000 mL。用时稀释。

（3）溴化乙啶（EB）储备液（10 mg/mL）：在 100 mL 水中加入 1 g 溴化乙啶，用磁搅拌器搅拌数小时，转移到黑色瓶中，4 ℃保存。用时稀释至终浓度 0.5 μg/mL。

注意：溴化乙啶是强诱变剂，在称取时务必戴上手套、面具。一旦皮肤与其接触，要立即用大量的水冲洗。

（4）6×凝胶加样缓冲液：0.25%溴酚蓝、30%甘油水溶液，4 ℃保存，长期使用。

（5）DL2000 DNA Marker。

2. 仪 器

培养皿（直径 9 cm）、电热恒温培养箱、标准净化工作台、高压灭菌锅、恒温水浴锅、高速台式离心机和冷冻离心机、微量移液器（20 μL，200 μL，1000 μL）、旋涡混合器、摇床、水平琼脂糖凝胶电泳槽、稳压电泳仪、核酸蛋白紫外检测仪、凝胶成像仪、灭菌的 Eppendorf 管、制冰机、含 pET28a/VP60 的 DH5a 菌株（在 *EcoR* I 和 *Hind* III 酶切位点引入了 VP60 基因片段）、LB 固体和液体培养基。

四、实验步骤

1. 碱裂解法制备质粒 DNA

（1）从 LB 平板上挑取单菌落，接种于 50 mL 含相应抗生素的 LB 培养液中，37 ℃振荡（约 225 r/min）培养过夜。

（2）取 1.2 mL 培养液至 Eppendorf 管中，4 ℃，12 000 r/min 离心 30 s。弃上清液。

（3）取 1.2 mL STE 溶液，漂洗菌体，12 000 r/min 离心 30 s。弃去上清液，尽可能去净。

（4）加入 100 μL 溶液 I（冰浴中预冷的），在旋涡混合器上剧烈振荡重新悬浮混匀菌体。

（5）加入 200 μL 溶液 II（临用前将 0.4 mol/L NaOH 和 2% SDS 等体积混合），快速温和颠倒离心管数次，混匀内容物。不要振荡，冰浴 3 min。

（6）加入 150 μl 冰冷的溶液 III，温和颠倒离心管数次，混匀内容物，冰浴 3~5 min，有白色絮状沉淀物形成。

（7）4 ℃，12 000 r/min 离心 10 min，将上清液移至新的离心管中，注意避免带入白色沉淀物。

（8）加入等体积苯酚-氯仿（1:1）混合物。旋涡混匀，4 ℃，12 000 r/min 离心 2 min，将上清液移入新的离心管中。如果蛋白太多，可重复一次。

（9）加入等体积氯仿溶液，旋涡混匀，4 ℃，12 000 r/min 离心 2 min，将上清液移入新的离心管中。

（10）加入 2 倍体积冰冷的无水乙醇，混匀后于室温下放置 2 min，4 ℃，12 000 r/min 离心 2 min，弃上清液。

（11）加 1.0 mL 冰冷的 70%乙醇，振荡漂洗沉淀。4 ℃，12 000 r/min 离心 2 min，小心吸去上清液。

（12）将离心管倒置于一张纸巾上，以使所有液体流出，再用消毒的滤纸小条将附于管壁的液滴除尽。放置于室温下，待乙醇挥发干为止。此时纯的 DNA 看起来应是无色透明状；如果是白色，表明有蛋白污染。

（13）将沉淀重新悬浮在 30~50 μL TE 缓冲液（含无 DNA 酶的 RNase A，20 μg/mL）

中溶解质粒 DNA，室温或 37 °C 放置 30 min。

（14）将小量制备的质粒试管标上日期和内容，- 20 °C 保存备用或立即用于酶切实验[此法制备的高拷贝数质粒（如 pUC），其产量一般为：每毫升原细菌培养物 3～5 μg；此方法按适当比例放大可适用于 100 mL 细菌培养物]。

（15）取 5～10 μL 产物准备琼脂糖电泳。

2. 限制性内切酶双酶切质粒 DNA（包括酶切片段）的回收与鉴定

（1）- 20 °C 冰箱中取出实验的样品，让其升至室温。

（2）限制性酶消化是在特定的缓冲液中进行的，反应可以在 20 μL 总体积中进行。在 0.5 mL Eppendorf 管中依次加入：

dd H$_2$O	6 μL
10×M 缓冲液	2 μL
质粒 DNA	10 μL
EcoR I	0.5 μL
Hind III	0.5 μL

（3）加入所有组分后，盖紧管口，轻弹混匀并在离心机上离心 2～3 s，将试剂甩至管底。

（4）37 °C 保温 4 h。

（5）取 5～10 μL 产物准备琼脂糖电泳。与此同时，制备琼脂糖凝胶。

（6）电泳跑完后，给凝胶拍照。将限制性酶切割的质粒泳道与未切割质粒的泳道进行比较。它们应有所不同。

（7）切下含目的产物的胶条，用胶回收试剂盒按胶回收方法纯化酶切片段。

3. 琼脂糖凝胶电泳鉴定

（1）搭好凝胶电泳槽。梳齿应该保持笔直，在梳齿底部与胶槽之间应保持几毫米的间隙。

（2）称取 0.2 g 琼脂糖（或根据需要确定琼脂糖用量），加入 1×TAE 电泳缓冲液 20 mL，加热溶解成清澈透明的溶液。应避免体积变化，必要时补充蒸发丢失的水分。加入 10 mg/mL EB 1 μL 混匀（为不污染电泳槽和胶模，也可于电泳后取出凝胶，再用 0.5 μg/mL 的 EB 染色），冷却至 70 °C。

（3）将琼脂糖溶液缓缓倒入插有梳齿的胶模（胶模两端用医用橡皮膏封好，可用手指在胶模板边缘来回触摸数次，确证密封完全，以防琼脂糖泄漏，控制梳齿与胶模之间保持 1～2 mm 的距离），避免在齿梳两侧产生气泡。凝胶厚度一般为 0.3～0.5 cm。

（4）在琼脂糖凝固过程中，准备样品。一般取 5 μL 样品与 6× 凝胶加样缓冲液 1 μL 混匀，准备点样。

（5）室温下放置 30 min 后，琼脂糖凝胶凝固，去除橡皮膏，将胶模板移至电泳槽上，加样孔在靠近阴极的一端（黑色端）。向槽中加入适量的 1×TAE 缓冲液，通常应没过胶面 1 mm，小心移走梳齿。

（6）按顺序用移液枪缓慢将 DNA 样品垂直加入加样孔直至其开口下方，并在笔记本上记录点样顺序。一般 DNA 量最好为 0.5～1 μg。

（7）加完所有样品后，将电泳槽与电源正确连接（黑色对阴极，红色对阳极）。如果导线连接正确，会有气泡缓慢上升。打开电源之前要调好电压和时间，以 120 V 恒压进行电泳。

（8）当指示剂溴酚蓝迁移至胶的 2/3 处时，停止电泳，切断电源，取出胶模。

（9）凝胶中已经加入 EB，则可以用紫外灯观察或在凝胶成像仪下进行分析。如果凝胶中没有 EB，取出凝胶后，用 0.5 μg/mL 的 EB 溶液染色 30 min，取出，再在紫外灯下观察分析。

（10）电泳之后，在紫外光下可观察到质粒 DNA 或 DNA 片断存在的位置呈现橙黄色荧光，同时可对凝胶进行拍照。注意调整照相机的光圈孔径和感光率。

4. 结果处理

（1）绘图或照片。

（2）凝胶（图像）解释。

五、思考题

（1）简要叙述溶液 I、溶液 II 和溶液 III 的作用，以及实验中分别加入上述溶液后，反应体系出现的现象及其成因。

（2）简述质粒的提取方法及其基本原理。

（3）简述琼脂糖电泳检测质粒 DNA 的过程。

附表：

表 4.6　琼脂糖凝胶浓度与线状双链 DNA 分子分辨范围

琼脂糖凝胶浓度（W/V）/%	线状双链 DNA 分子的最佳分辨范围 bp
0.5	1000 ~ 30 000
0.7	800 ~ 12 000
1.0	500 ~ 10 000
1.2	400 ~ 7000
1.5	200 ~ 3000
2.0	50 ~ 2000

备注：质粒 DNA 在琼脂糖凝胶中的迁移距离是由其分子构象及碱基对大小所决定的，未切割质粒 DNA 在其泳道上也许会出现几个条带，之所以这样是因为质粒 DNA 可以下列三种主要构象中的任何一种形式存在：

① 超螺旋：尽管质粒常以开环的形式进行描述，然而在细菌细胞内 DNA 链却是盘绕在组蛋白样的蛋白质周围形成一种致密的结构，这就是超螺旋结构，在凝胶中的泳动速率最快。往往呈马蹄形。

② 切口：在质粒 DNA 复制过程中，拓扑异构酶 I 会在 DNA 双螺旋中的一条链中引入一个切口，解开质粒的超螺旋。在质粒分离过程中，由于物理剪切和酶的切割作用同样也会在超螺旋质粒中引入切口，从而产生松散的开环结构。此种形式的质粒迁移速率最慢。

③ 线性：当 DNA 损伤在 DNA 双链相对应的两条链上同时产生切口时，就会出现线性质粒 DNA，其泳动速率介于超螺旋与切口质粒 DNA 之间。质粒制备过程中出现线性 DNA，说明存在核酸酶污染或实验操作有问题。

实验 7　基因工程菌感受态细胞的制备、DNA 片段连接及转化

一、实验目的

（1）掌握基因工程菌感受态细胞的制备、DNA 片段的连接及感受态细胞转化的原理。

（2）学习使用氯化钙法制备大肠杆菌感受态细胞。

（3）学习 DNA 片段的连接及感受态细胞转化的操作技术。

二、实验原理

DNA 连接是指将两个 DNA 片段在体外通过工具酶的作用而连接，形成一个新的 DNA 片段或环状 DNA（如质粒 DNA）。目的 DNA 片段与载体片段的连接方式通常包括黏性末端连接和平末端连接，连接过程中需要 T4 DNA 连接酶和含有 ATP 的缓冲液。T4 DNA 连接酶可以连接具有单链突出的黏性末端片断，但同时也可以连接具有平末端的 DNA 片断。根据宿主菌表达系统不同，选择不同的基因载体（Vector）。*E.coli* 质粒非表达型 pBR322，表达型 pUC，实用型 pBV220，pET 系统；λ 噬菌体 DNA 作为载体，非表达型 λgt10，表达型 λgt11。目的基因<10 kb，选用质粒为基因载体；目的基因>10 kb，选用 λ 噬菌体 DNA 为基因载体。

细菌转化是一种重要的分子生物学现象，它使得体外构建的重组 DNA 分子以及天然 DNA 分子可以进入细菌细胞内，进而 DNA 得以扩增或基因表达，使细菌的表型等发生变化（转化）。然而，在自然状态下，DNA 并不能随意穿过细菌的细胞膜。因此，人们建立一系列的方法，使得细菌细胞处于一种易于接纳外源 DNA 的状态，此即为细菌感受态细胞。

本实验采用氯化钙法来制备基因工程菌 *DH5a* 感受态。Ca^{2+} 使细胞膜失去稳定性，并形成磷酸钙-DNA 复合物，黏附在细胞表面。当细胞进行短暂 42 ℃ 热休克处理时，便会吸入 DNA。冰冷氯化钙处理可诱导细菌产生感受态，而热休克则可以打开细胞膜让 DNA 进入细胞，转化效率可达到每 1 mg 质粒 DNA 可产生多达 10^7 个转化子。转化效率是指每 1 μg DNA 转化所得到的转化细胞数，实际上实验室所使用的 DNA 量通常为 5～100 ng，因为过多的 DNA 会抑制转化过程。

三、试剂与仪器

1. 试　剂

（1）感受态细胞制备和转化试剂：

① LB（Luria-Bertani）液体培养基；

② 含 Amp 抗生素的 LB 固体培养基；

③ 100 mmol/L 的 $CaCl_2$ 溶液；

④ 氨苄青霉素（Amp）。

（2）DNA 片段的连接试剂：

① T4 DNA 连接酶；

② 10×连接缓冲液；

③ DNA 片段回收试剂盒。

2. 仪　器

（1）*DH5a E.coli*；

（2）37 ℃ 电热恒温培养箱；

（3）37 ℃ 恒温振荡摇床；

（4）可见光分光光度计；

（5）超净工作台；

（6）水浴锅、温度计等。

四、实验步骤

1. 感受态细胞制备

（1）大肠杆菌在 LB 平板上画线涂布，倒置平板于 37 ℃ 培养 1～2 d。

（2）从 LB 平板上挑取一单菌落接种到 2.5 mL LB 培养液中，37 ℃ 振荡培养过夜（约 250 r/min）。

（3）第二天，按 1∶1 000 向装有 100 mL LB 培养基的 500 mL 锥形瓶中转接过夜培养物菌液。37 ℃ 振荡培养至 OD600 值达 0.35～0.5（需 2～3 h）。置冰浴 20 min。

（4）在 4 ℃，4 000 r/min 离心 3 min，收集菌体，去除干净残余的 LB 液体。用 0.6 倍体积于原初培养液 100 mmol/L $CaCl_2$（提前冰浴）重悬菌体（动作要轻），冰浴 20 min。

（5）4 ℃，4 000 r/min 离心 3 min，收集菌体。

（6）用原初培养液 1/25 体积的 100 mmol/L 冰冷 $CaCl_2$ 重悬细胞（动作要轻）。按每 EP 管 100 μL 分装备用于 4 ℃ 备用，或加入 30% 甘油于 −80 ℃ 长期保存，此即为感受态细胞。

2. DNA 片段的连接，重组克隆的获得

（1）反应可以在 10 μL 总体积中进行。在 1.5 mL EP 管中依次加入（参考体积，双酶切 PCR 产物和载体质粒 DNA 片段的物质的量之比以 1∶4～7 为宜）：

双酶切 PCR 产物	3 μL
双酶切质粒 DNA	1 μL
10×连接缓冲液	1 μL
T4 DNA 连接酶	1 μL
dd H_2O	4 μL

（2）将连接混合物于 16℃ 连接 12 h。

3. 感受态细胞转化

（1）取 3 管感受态细胞，按下列转化项目做好标记，然后按下述，将 DNA 连接产物加入感受态细胞中，用手指轻弹混匀。冰上放置 20 min：

转化项目	感受态细胞	转化物	总体积
阴性对照组	100 μL	0	100 μL
阳性对照组	100 μL	1 μL 质粒	101 μL
转化组	100 μL	10 μL DNA 连接产物	110 μL

（2）将试管转至已预热到 42 ℃ 的循环水浴中的试管架上，精确放置 90～100 s。不要摇动试管。

（3）将试管迅速转移至冰浴 1～2 min。

（4）向试管中加入 800 μL 无抗性 LB 培养基，37 ℃ 哺育培养 45 min。

（5）分别将 3 组转化细胞在含抗生素的 LB 琼脂培养基平皿上涂布。

（6）室温放置平板 10～20 min 直至液体被吸收。

（7）倒置平板于 37 ℃ 培养 12～16 h 后应出现转化菌落。

4. 结果处理

培养平皿结果解释。

五、思考题

（1）获得高转化效率的感受态细胞的关键是什么？细菌转化成功的关键是什么？

（2）根据阴性和阳性转化结果，如何判断操作过程中的污染和感受态细胞转化效率问题？

实验 8 重组克隆的筛选、PCR 鉴定与琼脂糖凝胶电泳检测

一、实验目的

（1）掌握实验室筛选转化子的目的和方法原理。

（2）学习抗生素标记、双酶切鉴定、PCR 扩增特定基因片段、测序等在大肠杆菌中的表达，筛选转化子的基本操作技术方法。

（3）学习琼脂糖凝胶电泳操作技术方法及其在重组克隆筛选鉴定中的应用。

二、实验原理

重组克隆筛选的核心问题是排除假阳性转化子（由载体自连、载体酶切不彻底等因素造成）。重组克隆或转化子的筛选可通过多层次方法实现。质粒上的抗生素标记可成功地使转化子进行快速筛选。转化成功的细胞，由于转化而携带有抗生素抗性标记，可在含抗生素的培养基上生存和生长。第二层次的筛选途径则是分离质粒 DNA，并用多克隆位点中的基因片段两端的限制性酶切位点进行切割，或通过 PCR 扩增特定基因片段，进行琼脂糖凝胶电泳对基因片段进行分析，并以合适大小的 DNA 标准作为参照，来确定基因片段的大小，从而确定哪些质粒具有目的 DNA 插入片断，哪些没有。其次可以送基因测序公司进行序列测序，完成转化子鉴定。最后，还可通过诱导蛋白质表达结合 SDS-聚丙烯酰胺凝胶电泳（SDS-Polyacrylamide Gel Electrophoresis，SDS-PAGE）检测目的蛋白进行鉴定。就本实验轮状病毒 VP4 而言，设计合成了 PCR 引物，5′端和 3′端各引入 *EcoR* I 和 *Xho* I 限制性酶切位点，将其连接构建到 pET28a 载体上，并得以正确表达。

琼脂糖凝胶电泳是分离、鉴定和纯化 DNA 片段的常用方法。DNA 分子在琼脂糖凝胶中泳动时有电荷效应和分子筛效应，DNA 分子在高于等电点的 pH 溶液中带负电荷，在电场中向正极移动。由于糖磷酸骨架在结构上的重复性质，相同数量的双链 DNA 几乎具有等量的净电荷，因此它们能以同样的速度向正极方向移动。不同浓度琼脂糖凝胶可以分离从 200 bp 至 50 kb 的 DNA 片段。在琼脂糖溶液中加入低浓度的溴化乙锭（Ethidum Bromide，EB）或 GoldView 核酸染色剂，在紫外光下可以检出 10 ng 的 DNA 条带，在电场中，pH 8.0 条件下，凝胶中带负电荷的 DNA 向阳极迁移。

三、试剂与仪器

1. 试 剂

（1）培养基：LB 液体培养基、含抗生素的 LB 固体培养基。

（2）氨苄青霉素（Amp）。

（3）限制性内切酶 *EcoR* I 和 *Xho* I。

（4）灭菌水。

（5）10×扩增缓冲液，含 15 m mol/L MgCl$_2$。

（6）2.5 mmol/L dNTPs。

（7）10 µmol/L 筛选引物（5′CCG*GAATTC*ATGGCTTCACTCATTTAT 3′）。

（8）10 µmol/L 下游引物（5′CCG*CTCGAG*AACTTGTGCCCTCTTATA 3′）。

（9）5 unit/µL Taq DNA 聚合酶。

（10）5×TBE（5 倍体积的 TBE 储存液）。

配 1 000 mL 5×TBE：Tris 54 g，硼酸 27.5 g，0.5 mol/L EDTA 20 mL，pH8.0。

（11）琼脂糖。

（12）溴化乙啶溶液（EB）：0.5 µg/mL。

2. 仪　器

（1）琼脂糖凝胶电泳系统；

（2）稳压稳流定时电泳仪；

（3）夹心式垂直板型电泳槽；

（4）微量进样器；

（5）水浴锅；

（6）紫外线透射仪；

（7）PCR 仪。

四、实验步骤

1. 抗生素标记快速筛选转化子

（1）制备含 100 µg/mL 卡那霉素的 LB 固体培养基。

（2）将连接转化产物（方法同基因工程菌感受态细胞的制备、DNA 片段连接及转化实验）在含卡那霉素的 LB 琼脂培养基平皿上涂布。

（3）倒置平板于 37℃ 培养 12～16 h 后应出现转化菌落。

2. 限制性酶谱分析鉴定转化子

（1）DNA 的快速少量抽提（试剂盒）。

（2）取少量 DNA 进行琼脂糖凝胶电泳分析。

（3）DNA 的小量酶切鉴定：

反应在 20 µL 总体积中进行。在 0.5 mL Eppendorf 管中依次加入：

dd H$_2$O	10 µL
10×缓冲液	2 µL
质粒 DNA	6 µL
EcoR I	1 µL
Xho I	1 µL

（4）加入所有组分后，盖上盖子，轻弹混匀，并在微量离心机上离心 2～3 s，将试剂甩至管底。

（5）37 ℃保温 4~8 h。

（6）琼脂糖凝胶电泳分析方法。

① 制备琼脂糖凝胶：称取琼脂糖，加入 1×电泳缓冲液，待水合数分钟后，置微波炉中使琼脂糖熔化均匀。在加热过程中要不时摇动，使附于瓶壁上的琼脂糖颗粒进入溶液；加热时应盖上封口膜，以减少水分蒸发。

② 胶板的制备：将胶槽置于制胶板上，插上样品梳子，注意观察梳子齿下缘应与胶槽底面保持 1 mm 左右的间隙，待胶溶液冷却至 50 ℃左右时，加入最终浓度为 0.5μg/mL 的 EB（也可不把 EB 加入凝胶中，而是电泳后再用 0.5 μg/mL 的 EB 溶液浸泡染色 15 min），摇匀，轻轻倒入电泳制胶板上，除掉气泡；待凝胶冷却凝固后，垂直轻拔梳子；将凝胶放入电泳槽内，加入 1×电泳缓冲液，使电泳缓冲液液面刚高出琼脂糖凝胶面。

③ 加样：点样板或薄膜上混合 DNA 样品和上样缓冲液，上样缓冲液的最终稀释倍数应不小于 1×。用 10 μL 微量移液器分别将样品加入胶板的样品小槽内，每加完一个样品，应更换一个加样头，以防污染；加样时勿碰坏样品孔周围的凝胶面。

注意：加样前要先记下加样的顺序和点样量。

④ 电泳：加样后的凝胶板立即通电进行电泳，DNA 的迁移速度与电压成正比，最高电压不超过 5 V/cm。当琼脂糖浓度低于 0.5%时，电泳温度不能太高。样品由负极（黑色）向正极（红色）方向移动。电压升高，琼脂糖凝胶的有效分离范围降低。当溴酚蓝移动到距离胶板下沿约 1 cm 处时，停止电泳。

⑤ 观察和拍照：电泳完毕，取出凝胶。在波长为 254 nm 的紫外灯下观察染色，DNA 存在处显示出肉眼可辨的荧光条带。于凝胶成像系统中拍照并保存。

（7）线型（消化的）质粒 DNA 分子在凝胶中的泳动速率与其大小成反比，因此限制性酶切割的质粒泳道 DNA 片段的有无、大小可通过与标准 DNA 分子比较测定。*EcoR* I 酶切位点在载体质粒上，*Xho* I 酶切位点在目的 DNA 上。假如不能断定，可以向实验老师请教。

3. PCR 反应鉴定

（1）挑取单克隆菌落，加 500 μL 灭菌水洗涤一次，取 500 μL 灭菌水重悬菌体，取 1 μL 做模板。PCR 体系：

Ex TaP 酶	0.2 μL
10×缓冲液	1 μL
引物	1 μL
模板	1 μL
dNTP	2 μL
灭菌水	13.8 μL

（2）琼脂糖胶电泳分析方法（同上）。

五、思考题

（1）如何设计引物，用 PCR 方法筛选转化子？

（2）实验中如何有目的和次序地设计各种方法对转化子进行筛选鉴定？

实验 9　重组蛋白类药物的表达、制备及分析

（设计性实验）

广义基因工程是重组 DNA 技术的产业化设计与应用，包括上游技术和下游技术两大部分。上游技术指的是基因重组、克隆和表达的设计与构建（即狭义基因工程）；而下游技术则涉及基因工程菌或细胞的大规模培养，以及基因产物的分离、纯化及分析过程，最终制造出重组蛋白质乃至自然界没有的新型蛋白质和新物种，为人类提供服务。狭义基因工程是将一个含目的基因的 DNA 片段经体外操作与载体连接，并转入宿主细胞，而表达产生外源蛋白质的过程。用于基因克隆的载体有质粒、噬菌体、考斯质粒、人造染色体载体等。针对不同的载体，可以选择合适的宿主细胞，常用的宿主细胞有大肠杆菌、枯草杆菌、酵母菌、昆虫细胞、动植物细胞乃至整体动植物等，其分别归属于原核细胞表达系统和真核细胞表达系统。真核细胞表达系统主要有酵母表达体系和动植物细胞表达体系，动物细胞表达体系主要以 CHO、BHK 和杂交瘤动物细胞表达的重组蛋白质为主，是生物制药最理想的表达系统，但是其培养基成本昂贵，培养环境要求高，工业化生产难度较大；而原核细胞表达系统研究最多的是大肠杆菌体系，其成本低，周期短，但是纯化工艺相对要求严格。

选择合适的表达载体或宿主，从构建、表达、制备、定性分析到生产都存在成功和失败两种可能。本实验即是学习如何通过充分调研、合理设计及实验方法，利用基因工程技术制备具有生物活性的重组蛋白类药物。

一、实验目的

（1）掌握重组工程菌的培养和重组蛋白表达方法。

（2）掌握重组工程菌及重组蛋白的鉴定方法。

（3）掌握重组蛋白纯度及分子量的测定方法。

（4）掌握重组蛋白含量的测定方法。

（5）掌握电泳的基本操作和对目的条带观察分析。

（6）学习从资料收集、目的基因获得、重组体构建、工程菌的克隆与鉴定、目的蛋白的表达、纯化制备以及质量控制、数据的收集处理、归纳总结、撰写相关的报告等一个完整的研究过程。

三、实验方法

（1）由教师根据实验室的情况，向学生说明实验要求和分组。

（2）学生分组查阅文献和资料，检索与课题有关的文献和资料，了解实验设计的思路与基本方法，拟定初步实验计划。

（3）学生按分组讨论计划，制订详细的实验方案。

具体实验方案应包括：所需仪器、试剂；工艺过程流程图和具体实验方案；预期实验的结果；数据的处理和统计方法；学时分配。

（4）将实验方案交给指导教师审阅。指导教师对方案认真审阅后，提出修改意见，组织学生讨论，完善方案。

（5）学生修改后的方案经过指导教师批准后，开始准备实验。

（6）实验室的教师要根据学生的方案提前帮助其做好条件准备，一些对提高学生能力有比较重要作用的准备工作，让学生在教师指导下完成。实验中如果需要使用学生不熟悉的仪器设备，应事先指导学生掌握仪器操作方法。

（7）拟定实验方案，进行实验，并详细记录实验过程中的现象和结果。

（8）随时分析归纳实验结果，并根据实验情况提出改进的办法（进一步实验的办法），及时调整具体操作。

（9）完成实验论文或科研报告的写作。

三、指导原则

DNA 重组药物制造主要包括以下步骤：获得目的基因；将目的基因和载体连接，构建 DNA 重组体；将 DNA 重组体转入宿主菌，构建工程菌；工程菌的发酵；外源基因表达产物的分离、纯化；产品的检验等。

1. 目的基因的获得

（1）逆转录法：纯化目的 mRNA，逆转录成 cDNA；cDNA 第一链的合成；cDNA 第二链的合成。

（2）PRC 法或逆转录 PCR（RT-PCR）。

典型 PCR 反应包括：模板变性、退火、延伸。

在高温聚合酶作用下，以 DNA 单链为模板，由引物起始从 $5'{\rightarrow}3'$ 延伸，可合成 2 kb（经多次循环），错误率一般为 0.25%。

（3）化学合成法：60~100 bp 长度为宜。

2. DNA 重组体的构建

根据宿主菌表达系统不同，选择基因载体（Vector）：

（1）*E.coli* 质粒非表达型 PBR322，表达型 PUC，实用型 PBV220，PET 系统；λ噬菌体 DNA 作为载体，非表达型 λgt10，表达型 λgt11。

目的基因<10 kb，选用质粒为基因载体；

目的基因>10 kb，选用 λ噬菌体 DNA 为基因载体。

（2）芽孢杆菌 PUB110 pE194 和 pC194。

（3）链霉菌 PIJ101 PSG5。

cDNA 与载体连接方法：同聚尾连接法、人工接头连接法。

3. 重组体的表达系统

（1）原核表达系统：① *E.coli*；② 芽孢杆菌 *Bacillus*；③ 链霉菌 *Streptomyces*。优点：

易大量生产，成本低，周期短；缺点：多为胞内表达，提取困难，易生成包含体，含起始密码 Met（AUG），有内毒素毒性。

（2）真核表达系统

① 酵母表达，毕赤酵母（*pichia psatoris*）受甲醇诱导。

优点：易培养，无毒性，易高密度发酵（100 g/L），高表达（12～14 g 蛋白/L），成本低，产物可糖基化，有分泌表达。

② 动物细胞：哺乳动物细胞 CHO，昆虫细胞 —— 家蚕细胞。

4. 工程菌的发酵

选育高效表达工程菌或细胞，优化发酵条件（培养基组成、接种量、温度、溶氧、pH、诱导作用、发酵动力学）。

5. 表达产物的纯化

（1）产物的表达形式：

根据外源基因表达产物在宿主细胞中的定位，可将表达方式分为分泌型表达和胞内表达。

① 外源蛋白的分泌表达是通过将外源基因融合到编码信号肽序列的下游来实现的。将外源基因接在信号肽之后，表达产物在信号肽的引导下跨膜分泌出胞外，同时在宿主细胞膜上存在特异的信号肽酶，它识别并切掉信号肽，从而释放出有生物活性的外源基因表达产物。

② 如果表达产物前没有信号肽序列，它可以可溶形式或不溶形式（Inclusion Body，包含体）存在于细胞中。在工业生产中常用大肠杆菌作为宿主菌来生产目的蛋白，在大肠杆菌中当外源蛋白的表达量在 20%以上时，它们一般就会以包含体的形式存在。包含体是指由于表达部位的低电势及外源蛋白分子的特殊结构，如 Cys 含量较高、低电荷、无糖基化等，外源蛋白与其周围的杂蛋白、核酸等形成的不溶性聚合体。

（2）表达蛋白的提取：

① 如果蛋白质以胞内可溶表达形式存在，则收集菌体后破壁，离心，取上清液，然后用亲和层析或离子交换法进行纯化。分泌型表达产物的发酵液体积很大，但浓度较低，因此必须在纯化前富集或浓缩，通常可用吸附、沉淀或超滤的方法来进行富集或浓缩。因宿主细胞内存在各种蛋白水解酶，破壁后和产物一同释放到细胞上清液中，在纯化过程中还常采取适当的保护措施，如低温、加入保护剂、尽量缩短纯化工艺时间等，来防止产物的降解和破坏。

② 如果产物以不溶的包含体形式存在，则可通过离心的方法将包含体与可溶性杂质分离，常用 5 000～10 000×g 离心使包含体沉淀下来，可避免胞内酶的降解破坏，同时包含体中目的蛋白质的纯度较高，可达 20%～80%。但是，此表达形式最大的缺点是包含体中的蛋白质是无活性形式，必须经变性、复性过程重新折叠，常用的方法是以促溶剂（如尿素、盐酸胍、SDS）溶解，然后在适当条件下（pH、离子强度与稀释）复性。

③ 表达产物还可存在于大肠杆菌细胞周质中，这是介于细胞内可溶性表达和分泌表达之间的一种形式，它可以避开细胞内可溶性蛋白和培养基中蛋白类杂质，在一定程度上有利于分离、纯化。大肠杆菌经低浓度溶菌酶处理后，可采用渗透冲击的方法来获得周质蛋白。由于周质中仅有为数不多的几种分泌蛋白，同时又无蛋白水解酶的污染，因此通常能够回收到高质量的产物。但其缺点是渗透冲击的方法破壁不完全，往往产物的收率较低。

（3）重组蛋白的复性：

复性是指变性的包含体蛋白在适当的条件下折叠成有活性的蛋白质的过程。包含体复性是获取有活性重组蛋白的最关键也是最复杂的一步，通常有两种方法：

① 将溶液稀释，变性剂的浓度降低，促使蛋白质复性。此法很简单，只需加入大量的水或缓冲液。缺点是增大了后处理的加工体积，降低了蛋白质的浓度。

② 用透析、超滤或电渗析法除去变性剂。有时包含体中的蛋白质含有两个以上的二硫键，其中有可能发生错误连接。为此，在复原之前需用还原剂打断 S—S 键，使其变成—SH，复性后再加入氧化剂，使两个—SH 形成正确的二硫键。常用的还原剂有二硫苏糖醇（1～50 mmol/L）、β-巯基乙醇（0.5～50 mmol/L）、还原型谷胱甘肽（1～50 mmol/L）。常用的氧化剂有谷胱甘肽、空气（在碱性条件下）、半胱氨酸。

复性过程是一个十分复杂的过程，迄今为止人们还没有完全了解它的反应机理，在具体操作中要不断地摸索最适条件。对不同的表达产物，包含体的复性条件不同，需通过实验来确定，而且复性的难易和蛋白质的种类及结构有很大关系。

（4）表达蛋白纯化：

基因工程产物常需采用层析来进行精制，以达到药用标准。在选择层析类型和条件时要综合考虑蛋白质的性质，如蛋白质的等电点和表面电荷的分布，蛋白质是两性分子，其带电性质随 pH 的变化而变化。

一般来说，等电点处于极端位置（pI＜5 或 pI＞8）的基因工程蛋白质应该首选离子交换层析方法进行分离，这样很容易就可以除去大部分的杂质，但在应用时要注意考虑目的蛋白质的稳定性。

亲和层析是一种高效的分离、纯化手段，不同的蛋白质可以选用不同的特异性亲和配基，如酶和底物、抗原与抗体、糖链和凝集素等。一般是目的蛋白与配基结合而杂蛋白不结合，目的蛋白吸附后再利用快速变换洗脱液和加入竞争剂的方法进行洗脱。由于亲和分离的选择性强，因此在产物纯化中具有较大的潜力，比如将重组蛋白带上 6*HIS 标签，应用 Ni-NTA 树脂进行蛋白纯化，方便、简单、产率和纯度高，在基因重组蛋白的外源表达系统中得到广泛应用。

疏水作用层析和反相作用层析利用蛋白质疏水性的差异来分离、纯化蛋白质。二者的不同在于疏水作用层析通常在水溶液中进行，蛋白在分离过程中仍保持其天然构象；而反相作用层析是在有机相中进行，蛋白经过反相流动相与固定相的作用，有时会发生部分变性。

凝胶排阻层析根据蛋白质的分子量以及分子的动力学体积的大小进行分离，它可应用于蛋白质脱盐和蛋白质分子的分级分离。

考虑到工业生产成本，一般早期尽可能采用高效的分离手段，如通常先用非特异、低分辨的操作单元（沉淀、超滤和吸附等），以尽快缩小样品体积，提高产物浓度，去除最主要的杂质（包括非蛋白类杂质）；然后采用高分辨率的操作单元（如具有高选择性的离子交换色谱及亲和色谱）；而将凝胶排阻色谱这类分离规模小、分离速度慢的操作单元放在最后，以提高分离效果。

当几种方法联用时，最好以不同的分离机制为基础，而且经前一种方法处理的样品应能适合于作为后一种方法的料液。如经盐析后得到的样品，不适宜于离子交换层析，但可直接用于疏水层析。离子交换、疏水及亲和色谱通常可起到蛋白质浓缩的作用，而凝胶过滤色谱常常使样品稀释，在离子交换色谱之后进行疏水层析色谱就很合适，不必经过缓冲液的更换，因为多数蛋白质在高离子强度下与疏水介质结合较强。亲和层析选择性最强，但不能放在第一步，一方面因为样品中所含杂质多，层析介质易受污染，降低其使用寿命；另一方面，样品体积较大，需用大量的介质，而亲和层析介质一般较贵。因此，亲和层析多放在第二步以后。有时为了防止介质中毒，在其前面加一保护柱，通常为不带配基的介质。经过亲和层析后，还可能有脱落的配基存在，而且目的蛋白质在分离和纯化过程中会聚合成二聚体或更高的聚合物，特别是当浓度较高，或含有降解产物时，更易形成聚合体，因此，最后需经过进一步纯化操作，常使用凝胶过滤色谱，也可用高效液相色谱法，但费用较高。

6. 重组药物的质量控制

重组药物与其他传统方法生产的药品有许多不同之处，它利用活细胞作为表达系统，并具有复杂的分子结构。它的生产涉及生物材料和生物学过程，如发酵、细胞培养、分离纯化目的产物，这些过程有其固有的易变性。

重组药物的质量控制包括原材料、培养过程、纯化工艺过程和最终产品的质量控制。

（1）原材料质量控制：

原材料质量控制往往采用细胞学、表型鉴定、抗生素抗性检测、限制性内切酶图谱测定、序列分析与稳定性监控等方法。需明确目的基因的来源、克隆经过，提供表达载体的名称、结构、遗传特性及其各组成部分（如复制子、启动子）的来源与功能，构建中所用位点的酶切图谱，抗生素抗性标志物等；应提供宿主细胞的名称、来源、传代历史、检定结果及其生物学特性等；还需阐明载体引入宿主细胞的方法及载体在宿主细胞内的状态，如是否整合到染色体内及在其中的拷贝数，并证明宿主细胞与载体结合后的遗传稳定性；提供插入基因与表达载体两侧端控制区内的核苷酸序列，详细叙述在生产过程中，启动与控制克隆基因在宿主细胞中表达的方法及水平等。

（2）培养过程质量控制：

培养过程质量控制要求种子克隆纯而且稳定，在培养过程中工程菌不应出现突变或质粒丢失现象。原始种子批须确证克隆基因 DNA 序列，详细叙述种子批来源、方式、保存及预计使用期，保存与复苏时宿主载体表达系统的稳定性。对菌种最高允许的传代次数、持续培养时间等也必须作详细说明。

（3）最终产品的质量控制：

最终产品的质量控制主要包括产品的鉴别、纯度、活性、安全性、稳定性和一致性。目前有许多方法可用于对重组技术所获蛋白质药物产品进行全面鉴定，如用各种电泳技术分析、高效液相色谱分析、肽图分析、氨基酸成分分析、部分氨基酸序列分析及免疫学分析等；对其纯度测定通常采用的方法有还原性及非还原性 SDS-PAGE、等电点聚焦、各种 HPLC、毛细管电泳（CE）等。需有两种以上不同机制的分析方法相互佐证，以便对目的蛋白质的含量进行综合评价。

实验 10　水稀释–盐析法制备鸡免疫球蛋白
（卵黄抗体，IgY）

一、实验目的

（1）了解免疫球蛋白的物理及生物学特征。

（2）掌握蛋白质胶体盐析作用。

二、实验原理

盐析（Salt Precipitation）是一种经典的分离方法，利用各种生物分子在浓盐溶液中溶解度的差异，通过向溶液中引入一定数量的中性盐，使目的物或杂蛋白以沉淀析出，达到分离纯化目的蛋白的目的。盐析法经济，不需特殊设备，操作简便、安全，应用范围广，较少引起变性（有时对生物分子具有稳定作用），至今仍广泛用来分离、纯化蛋白质（酶）等生物大分子物质，如血浆中各种蛋白的分离常用这种方法。其原理是利用高浓度的中性盐能够中和溶液中蛋白质分子表面的电荷，同时夺取溶液中的水，降低溶液中自由水的浓度，从而破坏蛋白质分子表面起稳定作用的水化层结构，使蛋白质的溶解度大大降低。在蛋白质盐析中，$(NH_4)_2SO_4$ 是最常用的一种盐析剂，主要因为它价格低廉，在水中溶解度大。不同浓度的中性盐将各种因分子量及表面电性不同而溶解度有差异的蛋白质分开，这就是盐析作用。

卵黄抗体（Immunoglobulin Yolk，IgY）技术简称 IgY 技术，即产蛋鸡经特定抗原免疫后，产生相应特异性抗体，并转运、储存于卵黄中，形成卵黄抗体，进而通过特定的提取技术从卵黄中可获得高产量特异性多克隆抗体。卵黄抗体相当于人的 IgG，抗体亲和力比较高，能与病原表面或抗原特异性结合，从而阻断病菌的感染。目前已有大量添加 IgY 的产品如发酵酸奶、功能性食品、卫生消毒产品及化妆品等上市销售。卵黄技术近年来获得快速发展，在医疗领域具有良好的应用前景。水稀释法是指将卵黄液用蒸馏水稀释 8 倍，调整 pH 至 5.0～5.2，4 ℃ 静置 6 h，通过离心，可以除去卵黄液中绝大部分的脂类物质，进一步分离纯化 IgY。

本实验采用水稀释结合盐析的方法分离纯化鸡蛋中卵黄抗体，其纯度可达 90% 以上，可供功能性食品使用。对分离纯化的卵黄抗体，本实验采用 SDS-PAGE 法进行纯度鉴定。

三、试剂与仪器

1. 试　剂

（1）新鲜鸡蛋。

（2）PBS 缓冲液：KCl 0.2 g、NaCl 8.0 g、KH_2PO_4 0.2 g、Na_2HPO_4 1.15 g，加双蒸馏水溶解，定容至 1 L。

（3）pH 5.2 的 0.05 mol/L 乙酸-乙酸钠蛋黄稀释液。

（4）聚丙烯酰胺凝胶全套试剂。

（5）10%BaCl$_2$。

（6）双缩脲试剂。

（7）考马斯亮蓝染色液：称取 1 g 考马斯亮蓝 R-250 于 1 L 烧杯中，再加入 250 mL 异丙醇，搅拌溶解，加入 100 mL 冰醋酸和 650 mL 去离子水，搅拌均匀，用滤纸过滤后，室温保存。

（8）考马斯亮蓝脱色液：100 mL 冰醋酸和 50 mL 乙醇加入 1 L 容量瓶中，再用去离子水定容，室温保存。

2. 仪　器

（1）100 mL 量筒、100 mL 或 250 mL 烧杯、玻璃棒、4 ℃ 层析柜、高速离心机、蛋白质电泳及配套设备、加样枪、微量进样器、透析袋、Sephadex G-50。

四、实验步骤

1. 鸡蛋中卵黄抗体的制备

（1）用针头吸取鸡蛋中的蛋黄 10 mL。

（2）用 pH 5.2 的 0.05 mol/L 乙酸-乙酸钠蛋黄稀释液稀释蛋黄液（按蛋黄与稀释液的体积比为 1 : 8）。

（3）4 ℃ 静置 6 h 或过夜。

（4）次日，离心（10 000×g，4 ℃，15 min），弃掉沉淀，保留上清液。

（5）在上清液中加入 12%的(NH$_4$)$_2$SO$_4$（注意：缓慢加入），4 ℃ 放置 2 h。

（6）离心（10 000×g，4 ℃，15 min），弃掉上清液，保留沉淀。

（7）沉淀用 10 mL PBS 溶解。

（8）离心（10 000×g，4 ℃，15 min）。

（9）弃掉沉淀，保留上清液，继续加入(NH$_4$)$_2$SO$_4$ 至终浓度为 40%。

（10）离心（10 000×g，4 ℃，15 min），弃掉上清液，保留沉淀。

（11）沉淀用 10 mL PBS 溶解，离心（10 000×g，4 ℃，10 min），保留上清即为卵黄抗体粗品。

2. 脱　盐

（1）将溶胀的 Sephadex G-50 装柱，用生理盐水过柱，平衡柱床，床面最好覆盖相同直径的圆形快速滤纸片。

（2）取卵黄抗体粗品溶液上 Sephadex G-50 柱，收集流出液，每管 1 ~ 1.5 mL。收到 10 管后，每管取出约 0.2 mL，加入双缩脲试剂，检测蛋白质含量，同时再取 0.2 mL 流出液，用 10%BaCl$_2$ 溶液检查是否存在硫酸铵，画出洗脱曲线。

（3）或者采用透析袋透析的方法进行脱盐，方法：将卵黄抗体粗品加入透析袋中，用 PBS 在 4 ℃ 层析柜中透析 12 h 或过夜，中途换 3 次液。

3. 电泳检查

（1）按常规制备 12%SDS-PAGE 电泳。

（2）取蛋白浓度最高的流出液 10 μL 加样进行电泳。

（3）电泳 1~2 h 后，取出凝胶，用考马斯亮蓝 R-250 进行染色 30 min；用脱色液脱色 1~2 h。

4. 结果处理

（1）绘制 SDS-PAGE 电泳图谱，利用光密度软件 Bandscan 分析并判断所制备的鸡免疫球蛋白（卵黄抗体 IgY）的纯度。

（2）根据卵黄抗体蛋白含量测定结果，计算出每毫升蛋黄液中提取的卵黄抗体量及鸡蛋中卵黄抗体的含量。

实验 11　酸醇提取法制备猪胰岛素

一、实验目的

（1）学习胰岛素的制备方法。

（2）了解胰岛素的理化性质及其在制备方面的应用。

（3）掌握酸醇提取法制备猪胰岛素的技术。

二、实验原理

胰岛素（Insulin）是动物胰腺胰岛 β-细胞受内源性或外源性物质如葡萄糖、乳糖、核糖、精氨酸、胰高血糖素等的刺激而分泌的一种蛋白质激素。胰岛素参与调节糖代谢，控制血糖平衡，医疗上主要用于治疗糖尿病。机体先分泌的是由 84 个氨基酸组成的长链多肽 —— 胰岛素原（Proinsulin），经专一性蛋白酶 —— 胰岛素原转化酶（PC1 和 PC2）和羧肽酶 E 的作用，胰岛素原中间部分（C 链）被切下，而胰岛素原的羧基端部分（A 链）和氨基端部分（B 链）通过二硫键结合在一起，形成胰岛素。人胰岛素分子量为 5734 Da，共有 51 个氨基酸，等电点为 pI 5.6。胰岛素在酸性环境（pH 2.5～3.5）较稳定，在碱性溶液中极易失去活力，可形成锌、钴等胰岛素结晶。又由于其分子中酸性氨基酸较多，可与碱性蛋白如鱼精蛋白等结合，形成分子量大、溶解度低的鱼精蛋白锌胰岛素。在显微镜下观察呈正方形或偏斜方形六面体结晶。胰岛素不溶于水和乙醇、乙醚等有机溶剂，但易溶于稀酸和稀碱的水溶液，也能溶于酸性或碱性的稀乙醇和稀丙酮中。

第一代胰岛素一般从动物脏器提取（如猪的胰腺），其生产方法有酸醇提取减压法、分级提取锌沉淀法和磷酸钙凝胶、DEAE-纤维素及离子交换树脂吸附法。本实验介绍酸醇提取减压浓缩法由猪胰提取胰岛素的方法。

三、试剂与仪器

1. 试　剂

（1）86%乙醇、68%乙醇。

（2）草酸。

（3）6 mol/L 硫酸溶液。

（4）浓氨水、2 mol/L 氨水、4 mol/L 氨水。

（5）氯化钠。

（6）冷丙酮。

（7）20%、6.5%醋酸锌溶液。

（8）2%、10%柠檬酸溶液。

（9）0.01 mol/L 盐酸。

（10）0.1 mol/L 磷酸二氢钠溶液。

（11）乙醚。

（12）乙腈。

2. 仪 器

组织捣碎机、布氏漏斗、剪刀、抽滤瓶、抽气泵、烧杯、纱布、玻璃棒、量筒、容量瓶、分液漏斗、低温离心机、真空干燥器及真空泵、温度计。

四、实验步骤

1. 提 取

取冻胰块 100 g，用匀浆机绞碎后加入 2.3～2.6 倍的 86%乙醇（W/W）、冻胰块质量 5%的草酸（用稀硫酸调 pH 至 2.5～3.0），在 10～15 ℃ 下搅拌提取 3 h。过滤或离心，取上清液，滤渣再用 1 倍量 68%的乙醇和 0.4%冻胰块质量的草酸及少许硫酸按上法提取 2h，同上法分离合并乙醇提取液。

2. 碱化、酸化

提取液在不断搅拌下加入浓氨水调溶液 pH 为 8.0～8.4（液温 10～15 ℃），立即压滤或离心除去碱性蛋白。澄清液及时加 6 mol/L 硫酸酸化至 pH 为 3.4～3.8，降温至 0～5 ℃，静置 4 h 以上，使酸性蛋白充分沉淀。

3. 减压浓缩

离心取上清液，在 30 ℃ 以下真空浓缩除去乙醇，浓缩至浓缩液比重为 1.04～1.06（原来体积的 1/9～l/10）为止。

4. 去脂、盐析

将浓缩液转入烧杯，于 10 min 内加热至 50 ℃，立即用冰盐水冷却降温至 5 ℃，转置分液漏斗静置 3～4 h，使油层分离。分出下层清液（上层油脂可用少量蒸馏水洗涤回收胰岛素），调 pH 为 2.3～2.5，于 20～25 ℃ 在搅拌下加入 23%（W/V）固体氯化钠，搅拌盐析，静置数小时，盐析物即为粗品胰岛素（含水量约为 40%）。

5. 精 制

（1）除酸性蛋白：取粗制胰岛素，按其干重加入 7 倍量冰冷蒸馏水溶解（7 倍量水应包括粗制胰岛素中所含水量），再加入 3 倍量的冷丙酮（按粗品计），用 2 mol/L 氨水调节 pH 为 4.2～4.3，然后按耗用的 2 mol/L 氨水量补加丙酮，使溶液中水和丙酮的比为 7∶3。充分搅拌后，低温放置过夜，使溶液冷至 5 ℃ 以下，次日在 5 ℃ 以下用离心分离法或用布氏漏斗过滤法将沉淀分离。

（2）锌沉淀：在滤液中加入 2 mol/L 氨水调 pH 到 6.2～6.4，加入与溶液体积相同的 3.6%醋酸锌溶液（浓度为 20%），再用 2 mol/L 氨水调节使最终 pH 为 6.0，低温放置过夜，次日用布氏漏斗过滤，分离沉淀。

（3）结晶：经丙酮脱水后按每克精品（干重）加入 2%柠檬酸 50 mL、6.5%醋酸锌 2 mL、丙酮 16 mL，并用冰水稀释至 100 mL，置冰浴中速冷至 5 ℃以下，用 2 mol/L 氨水调 pH 至 8.0，迅速过滤。滤液立即用 10%柠檬酸溶液调 pH 至 6.0，然后补加丙酮使整个溶液体系保持丙酮含量为 16%。在 10 ℃下缓慢搅拌 2～5 h 后放入 3～5 ℃冰箱中 72 h 使之结晶，前 48 h 内需用玻璃棒间歇搅拌，后 24 h 静置不动这一步骤关系到结晶优劣，必须仔细操作。在显微镜下观察，外形为正方形或扁斜方形六面体结晶。离心收集结晶，并用毛刷小心刷去晶体上面所覆灰黄色无定形沉淀，用蒸馏水或醋酸铵溶液洗涤，再用丙酮、乙醚脱水，离心后，在五氧化二磷真空干燥箱中干燥，即得结晶胰岛素，其效价每毫克应在 25 单位以上。

6. 检 测

取对照品及供试品适量，分别加 0.01 mol/L 盐酸溶液制成 1 mL 中含 40 单位的溶液，按照高效液相色谱法试验：以十八烷基硅烷键合硅胶为填充剂（5 μm）；柱温 40 ℃；以 0.1 mol/L 磷酸二氢钠溶液（用磷酸调节 pH 为 3.0）-乙腈（73∶27）或适宜比例的混合液（含 0.1 mol/L 硫酸钠）为流动相；检测波长为 214 nm；流速为 1 mL/min。取供试品溶液及对照品溶液各 20 μL 注入液相色谱仪，记录主峰的保留时间，供试品的主峰保留时间应与同种属对照品的主峰保留时间一致。

7. 效价测定

将效价确定的 Insulin 标准品用 0.01 mol/L 盐酸配制并稀释成 40, 30, 20, 10, 1, 0.5 U/mL 溶液。样品原料以 0.01 mol/L 盐酸配制并稀释成 1.5 mol/mL 溶液，进样测定。效价计算以主峰面积为纵坐标，Insulin 浓度为横坐标进行线性回归，计算而得。

五、思考题

（1）提取过程中，影响胰岛素活性/效价的因素有哪些？如何提高提取率？
（2）制备猪胰岛素的原理是什么？制备过程中应注意的问题有哪些？

实验 12　超滤法制备胸腺肽

一、实验目的

（1）掌握超滤法的原理。

（2）学习用超滤法制备胸腺肽的方法。

二、实验原理

胸腺肽（Thymus Peptides）是胸腺组织上皮细胞分泌的多肽激素。胸腺肽可促进 T 细胞的成熟，同时参与神经内分泌系统和免疫系统的交互作用，可以激活细胞免疫。胸腺肽纯制剂可用于治疗和预防呼吸道感染、慢性咽炎、过敏性哮喘、肝炎、自身免疫性疾病，以及肿瘤放疗和化疗引起的白细胞减少等症，是一种无可替代的免疫多肽。胸腺肽无过敏反应和不良的副作用。胸腺肽可从冷冻的猪（或羊）胸腺中提取，经过超滤等工艺过程可制备出一种具有高活力的混合肽类药物制剂。SDS-PAGE 凝胶电泳分析表明，胸腺肽主要由分子量 9600 和 7000 左右的两类蛋白质或肽类组成，氨基酸达 15 种；对热较稳定，升温至 80 ℃，生物活性不降低；经蛋白水解酶作用，生物活性消失。目前，胸腺肽制剂可以利用生物提取法、基因工程法、化学合成法等途径进行生产。生物提取法与其余两种方法相比存在诸多优势，如售价低，生产过程无环境污染，更重要的是具有天然活性，对机体相容性好，临床应用安全，并且从动物组织提取可以充分利用我国数量庞大的畜禽内脏废弃料。

超滤技术（Ultrafiltration Technology）是通过膜表面的微孔结构对物质进行选择性分离。超滤技术以特殊的超滤膜为分离介质，以膜两侧的压力差为推动力，将不同分子量的物质进行选择性分离。当液体混合物在一定压力下流经膜表面时，小分子溶质透过膜（称为超滤液），而大分子物质则被截留，使原液中大分子浓度逐渐提高（称为浓缩液），从而实现大、小分子的分离、浓缩、净化。超滤膜在生物制药中可用来分离蛋白质、酶、核酸、多糖、多肽、抗生素、病毒等。超滤的优点是没有相转移，无需添加任何强烈化学物质，可以在低温下操作，过滤速率较快，便于做无菌处理等。所有这些优点都能使分离操作简化，避免了生物活性物质的活力损失和变性。由于超滤技术有以上诸多优点，已得到广泛应用，比如大分子物质的脱盐和浓缩，大分子物质溶剂系统的交换平衡，小分子物质的纯化，大分子物质的分级分离，生化制剂或其他制剂的去热原处理等。超滤技术已成为制药工业、食品工业、电子工业以及环境保护诸领域不可缺少的有力工具。

本实验采用猪胸腺为原料，经过热变性、过滤等操作，最后用超滤技术制备胸腺肽，并用 SDS-PAGE 电泳检测胸腺肽的纯度。

三、试剂与仪器

1. 试　剂

猪胸腺。

2. 仪　器

剪刀、绞肉机、组织匀浆机、烧杯（500 mL、250 mL、200 mL）、超滤器、布氏漏斗、恒温水浴锅、低温冰箱、冻干机、灭菌锅。

四、实验步骤

1. 预处理及细胞破碎

取 – 20 ℃冷藏猪胸腺 100 g，用无菌的剪刀剪去脂肪、筋膜等非胸腺组织，再用冷的无菌蒸馏水冲洗，置于灭菌绞肉机中绞碎。

2. 制匀浆、提取

将绞碎的胸腺与冷蒸馏水按 1∶1 的比例混合，置于 10 000 r/min 的高速组织匀浆机中匀浆 1 min，制成胸腺匀浆。4 ℃浸渍提取，并置于 – 20 ℃冰冻储藏 48 h。

3. 部分热变性、离心、过滤

将冻结的胸腺匀浆熔化后，置水浴上搅拌加温至 80 ℃，保持 5 min，迅速降温，置于 – 20 ℃以下冷藏 2～3 天。然后取出熔化，以 10 000 r/min 离心 20 min，温度 2 ℃，收集上清液，除去沉渣，用滤纸浆或微孔滤膜（0.22 μm）减压抽滤，得澄清滤液。

4. 超滤、冻干

将滤液用分子量截流值为 1 万以下的超滤膜进行超滤，收集分子量 1 万以下的活性多肽，得精制液，冻干。

5. 纯度测定

用 SDS-PAGE 电泳检测。

五、思考题

（1）超滤技术的特点有哪些？说明本实验使用超滤的理由。
（2）胸腺肽临床应用有哪些？

实验 13 细胞培养技术实验

一、实验目的

（1）掌握细胞培养的基本技术方法。
（2）熟悉细胞培养常规仪器的使用。

二、实验原理

动物细胞培养（Animal Cell Culture）是模拟体内生理环境，使分离的动物细胞在体外生存、增殖的一门技术，是生物制药工艺试验的重要组成部分。大规模的细胞培养技术已经在蛋白质、多肽、抗体类药物以及弱病毒疫苗的生产中得到广泛应用。目前，科学家通过体外细胞培养的方式，获得了人和动物能在体外进行良好生长和传代的各种细胞系，并应用于生物制药的各个领域。

细胞系：原代培养经首次传代成功后即成细胞系，由原先存在于原代培养物中的细胞世系所组成。

细胞株：通过选择法或克隆形成法，从原代培养物或细胞系中获得的具有特定性质或标志的细胞群。细胞株的这种特定性质或标志必须在整个培养期间始终存在。

细胞培养的优点和局限性：

（1）由于其培养的对象是有生命的，所以只要培养条件控制得合适，就能长时间保持细胞的活力，并能长期观察、监控、检测活细胞的形态结构和生命活动。可用于细胞学、遗传学、免疫学、肿瘤学、病毒学、实验医学等多种学科的研究。

（2）细胞培养的条件可人为控制。培养过程中可根据研究需要施加化学、物理、生物等因素作为条件而进行实验研究、观察。可用于药理学、毒理学等学科的研究工作。

（3）体外培养的细胞可采用各种技术和方法，如荧光倒置显微镜、流式细胞仪等来观察、检测和记录，直接观察活细胞的变化，分析细胞的超微结构，检测细胞内物质的合成、代谢的变化等。

（4）研究细胞培养的范围广泛。培养的细胞来源很多，从低等生物到哺乳动物以及人类，从胚胎到非导体，从正常组织到肿瘤细胞。

（5）由于细胞培养可以在同一时期、相同条件、相同性状提供大量的实验样本，所以保证了实验的可重复性，而且相对耗资较少。

（6）细胞培养技术也存在一定的局限性，如细胞生长在人工培养环境中，与体内环境相比仍然存在一定的差异，培养的细胞或组织，其形态或功能会发生不同程度的改变。因此在利用培养细胞做实验对象时，不能将其与体内细胞完全一样看待，只能把它们视作一种既保持动物体内原细胞一定的性状，同时结构和功能又发生某些改变的特定的细胞群体。尤其须注意反复传代、长期培养者，可能发生染色体非二倍体遗传变异等情况。

尽管细胞培养有诸如此类的不足，但仍不失为研究活组织和活细胞的一种良好的方法。利用这一技术，可进行多方面的研究。

本实验以宫颈癌 HeLa 细胞为例，学习和掌握常规细胞的复苏、培养和冻存技术。细胞复苏是将冻存在液氮或者 –70 ℃ 条件下的细胞解冻后重新培养。与细胞冻存不同，细胞复苏过程升温要快，防止在解冻过程中水分进入细胞，形成冰晶，影响细胞的存活。细胞冻存是通过向培养液中加入保护剂，减少冻存过程中细胞内冰晶的形成，来保护细胞，是保存细胞的基本方法。

三、试剂与仪器

1. 试　剂

（1）0.25%胰蛋白酶：取胰蛋白酶粉末 0.25 g，加入 100 mL PBS，充分溶解后过滤，除菌，备用，4 ℃ 保存。

（2）含 20%胎牛血清的 DMEM 培养液：将培养液和胎牛血清按 4∶1 比例混合，0.2 μm 过滤，除菌，备用，4 ℃ 保存。

（3）细胞冻存液：含 20%胎牛血清的培养液和 DMSO 按照 9∶1 比例混合，备用。

（4）含 10% 胎牛血清的 DMEM 培养基。

2. 仪　器

（1）二氧化碳培养箱	1 台
（2）荧光倒置显微镜	1 台
（3）超净工作台	1 台
（4）– 80 ℃ 冰箱	1 台
（5）液氮罐	1 台
（6）离心机	1 台

四、实验步骤

1. 细胞复苏

（1）将水浴锅温度调整至 37 ℃。

（2）向离心管中加入 9 mL DMEM 培养基。

（3）从液氮中取出细胞，迅速放入水浴锅中，不断变换冻存管的位置，加速熔化。

（4）当完全熔化时，将细胞悬液加入离心管中。

（5）1 000 r/min 离心 5 min，弃上清。

（6）用 DMEM 培养基（含 10%胎牛血清的 DMEM 培养基，37 ℃ 预热）重悬细胞沉淀。

（7）接种到细胞培养皿中，置于 37 ℃ 二氧化碳培养箱中进行常规培养。

（8）次日换液。

（9）复苏效果：判断细胞复苏成功与否，通过荧光倒置显微镜观察复苏后细胞的贴壁率及细胞状态，正常细胞贴壁性较好，倒置显微镜下可见细胞胞体较亮。如果复苏后 95%以上的细胞贴壁，而且细胞状态良好，就说明细胞复苏的过程没有问题。

2．细胞冻存

（1）取对数生长期的细胞，当细胞增殖至培养瓶底80%时，用加样枪枪头吸出培养基。

（2）加入 1 mL 胰蛋白酶，洗涤 1 次后弃去瓶中液体。

（3）重新加入 1 mL 胰蛋白酶，消化细胞 1 min 左右。

（4）倒置显微镜下观察，当大部分细胞变圆且有部分细胞脱壁后，加入 1 mL 含有 10% 胎牛血清的 DMEM 培养基终止消化。

（5）用滴管吸取瓶中液体轻轻吹打培养瓶底，使细胞完全脱壁。

（6）将细胞悬液移入离心管，1 000 r/min 离心 5 min。

（7）弃去离心管中液体，加入培养基 2 mL，用枪头轻轻吹打，使细胞重悬。

（8）800 r/min 离心 5min。

（9）用枪头吸去离心管中液体。

（10）加入 1 mL 细胞冻存液，重悬细胞。

（11）将细胞悬液移入冻存管中，4 ℃ 放置 30 min。

（12）－20 ℃ 放置 2h，－70 ℃ 过夜。

（13）放入液氮中保存。

（14）冻存效果：判断细胞冻存的好坏，需要看复苏后细胞的贴壁率及细胞状态。若贴壁率在 95% 以上且细胞状态良好，说明细胞冻存的过程没有问题。

五、注意事项

（1）所有的细胞实验过程中均需注意无菌操作。

（2）细胞冻存的过程，降温的速率要慢，降温过快，会使细胞内形成冰晶而死亡。

（3）冻存的细胞一定要做好名称和日期等标记。

（4）细胞复苏过程中，升温的速率要快。

六、思考题

（1）细胞培养过程中需要注意哪些问题？如何确定细胞生长状态良好？

（2）细胞冻存和复苏过程中需要注意哪些问题，有何不同？

实验 14　氯化血红素的制备及含量测定

一、实验目的

（1）掌握氯化血红素制备的原理。
（2）了解血红素的药用价值。

二、实验原理

血红素（Heme）是高等动物血液、肌肉中的红色色素，由原卟啉与 Fe^{2+} 结合而成，它与珠蛋白结合成血红蛋白。在体内的主要生理功能是载氧，帮助呼出 CO_2，还是 cty p450、cty c、过氧化酶的辅基。血红素不溶于水，溶于酸性丙酮及碱性水中，在溶液中易形成聚合物，临床上常用作铁强化剂和抗贫血药及食品中色素添加剂，另外可用于制备原卟啉以治疗癌症。氯化血红素（Hemin）的制备，实验室常用酸性丙酮分离提取法，使血球在酸性丙酮中溶血，抽提后再经浓缩、洗涤、结晶得到氯化血红素。工业上制取氯化血红素常用冰乙酸结晶法，血球用丙酮溶血后，制取血红蛋白，再用冰乙酸提取。在 NaCl 存在下，氯化血红素沉淀析出。卟啉环系化合物在 400 nm 处有强烈吸收，称 Soret 带，其最大吸收波长（λ_{max}），对各种卟啉化合物是特征的，但溶剂对 λ_{max} 也有影响。采用 0.25% Na_2CO_3 作为溶剂，在 600 nm 处有特征峰吸收，光吸收值与氯化血红素浓度的关系符合朗伯-比尔定律。

三、试剂与仪器

1. 试　剂

（1）新鲜猪血　500 mL；
（2）0.8%柠檬酸三钠　20 mL；
（3）丙酮；
（4）冰乙酸；
（5）NaCl（固体）；
（6）KCl（固体）；
（7）浓 HCl；
（8）20%氯化锶；
（9）0.25% Na_2CO_3。

2. 仪　器

烧杯、抽滤瓶、布氏漏斗、三颈瓶、电动搅拌机、球形冷凝管、温度计、离心机、分液漏斗、试管。

四、实验步骤

1. 酸性丙酮抽提

0.8% 柠檬酸三钠抗凝猪血 200 mL，离心（3 000 r/min）15 min，倾去上层血浆，制得血球，加 2~3 倍体积的蒸馏水，充分溶胀后，沸水浴加热 20~30 min，纱布过滤，滤渣加入含 3%盐酸的丙酮溶液 200 mL，振摇抽提 30 min，抽滤，将滤液用旋转蒸发仪浓缩至原体积的 1/3~1/4，加入 20% 氯化锶至终浓度 2%，静置 15 min，离心 10 min，沉淀用水、95%乙醇、乙醚各洗涤一次，真空干燥后得氯化血红素粗品，称重，计算收率。

2. 冷乙酸结晶法

0.8%柠檬酸三钠抗凝猪血 500 mL，离心 15 min，倾去上层血浆；下层红细胞加丙酮 200 mL 搅拌，过滤，得红色血红蛋白。取 500 mL 带温度计、冷凝器、搅拌插口的三颈烧瓶，加入 300 mL 冰乙酸，加热升温，再加入 16 g NaCl、8 g KCl，在搅拌下加入 100 g 血红蛋白，在 105 ℃继续搅拌 10 min，冷却，静置过夜，离心收集沉淀的氯化血红素结晶，用冰乙酸和 0.1 mol/L 醋酸洗涤，再用水洗至中性，过滤，干燥后得氯化血红素粗品，称重，计算收率。

3. 含量测定

取标准氯化血红素，用 0.25% Na_2CO_3 溶液配置成浓度 0.08 mg/mL，备用。取制备所得氯化血红素，用 0.25% Na_2CO_3 溶液配置成 0.1 mg/mL，备用。按表 4.7 稀释，在 600 nm 处测定 A，以 0.25% Na_2CO_3 纯溶剂为空白，所得数据如图，同时计算氯化血红素含量。

表 4.7　氯化血红素的含量测定稀释数据

管　号	标准的氯化血红素											制备的血红素		
	0	1	2	3	4	5	6	7	8	9	10	11	12	13
He min 溶液体积 /mL	0	0.4	0.8	1.2	1.6	2.0	2.4	2.8	3.2	3.6	4.0	1.0	2.0	3.0
0.25% Na_2CO_3 体积/mL	4.0	3.6	3.2	2.8	2.4	2.0	1.6	1.2	0.8	0.4	0	3.0	2.0	1.0
He min 含量 /mg·mL^{-1}														
A_{600}														

五、思考题

（1）血红素的临床应用有哪些？
（2）影响氯化血红素收率的因素有哪些？

实验 15 维生素 B₂（核黄素）的制备

一、实验目的

（1）学习维生素 B₂（核黄素）的制备方法。
（2）掌握用荧光法定量测定维生素 B₂ 的原理和方法。
（3）了解荧光分光光度计的正确使用方法。

二、实验原理

维生素 B₂ 又称核黄素（Riboflavin）（结构如下），属于水溶性维生素，但其在水中溶解度很小，在 pH <1 时形成强酸盐，在 pH >10 时可形成强碱盐而易溶于水。为黄色或橙黄色结晶状粉末，味微苦，熔点约 280 ℃，是两性化合物，在碱性溶液中呈左旋性，$[\alpha]$为 −120° ~ −140°（$C = 0.125\%$，0.1 mol/L NaOH）。极微溶于水，几乎不溶于乙醇和氯仿，不溶于丙酮、乙醚，其水溶液呈荧光。在中性与酸性溶液中稳定，但在碱性溶液中易分解。

$$CH_2(CHOH)_2CH_2OH$$

维生素 B₂（Vitamin B₂）能促进发育和细胞的再生，促使皮肤、指甲、毛发正常生长，帮助消除口腔内、唇、舌的炎症，增进视力，减轻眼睛的疲劳，另外，还可和其他物质相互作用，促进糖类、脂肪、蛋白质的代谢。和其他 B 族维生素一样，维生素 B₂ 不会蓄积在体内，所以时常要从食物或营养补品中补充。含维生素 B₂ 较多的食品有奶类及其制品、动物肝脏与肾脏、蛋黄、鳝鱼、胡萝卜、酿造酵母、香菇、紫菜、鱼、芹菜、橘子、柑、橙等。维生素 B₂ 在波长 430 ~ 440 nm 的蓝光照射下，发出绿色荧光，荧光峰在 525 nm。由还原前后的荧光强度之差，可测定维生素 B₂ 的含量。本实验采用微生物发酵制备维生素 B₂。

三、试剂与仪器

1. 试 剂

（1）培养基：米糠油 4%，玉米浆 1.5%，骨胶 1.8%，鱼粉 1.5%，KH_2PO_4 0.1%，NaCl 0.2%，$CaCl_2$ 0.1%，$(NH_4)_2SO_4$ 0.02%。
（2）稀盐酸。
（3）黄血盐和硫酸锌。
（4）3-羟基-2-萘甲酸钠。

（5）NH_4NO_3。

（6）维生素 B_2 标准液（0.5 μg/mL），维生素 B_2 储备液 25（μg/mL）（25 mg 维生素 B_2 溶于 3 mL 冰醋酸中，如需要可适当加温，并用水稀释至 1 L，冰箱避光保存），HCl（1 mol/L），HCl（0.1 mol/L），连二亚硫酸钠（$Na_2S_2O_4$），NaOH（40%），$KMnO_4$（3%），H_2O_2（3%）（新鲜配制），冰醋酸（AR）。

2. 仪 器

种子罐、发酵罐、烧杯、恒温水浴、抽滤瓶、荧光分光光度计、锥形瓶（100 mL）、离心机、试管。

四、实验步骤

1. 维生素 B_2 的发酵制备

（1）培养基的配制：米糠油 4%，玉米浆 1.5%，骨胶 1.8%，鱼粉 1.5%，KH_2PO_4 0.1%，NaCl 0.2%，$CaCl_2$ 0.1%，$(NH_4)_2SO_4$ 0.02%。

（2）微生物发酵：制备维生素 B_2，将维生素 B_2 产生菌的斜面孢子用无菌水制成孢子悬浮液，接种到培养基中培养，培养温度（30±1）°C，培养时间 30~40 h。

2. 维生素 B_2 的提取与结晶

将维生素 B_2 发酵液用稀盐酸水解，以释放部分与蛋白质结合的维生素 B_2，然后加黄血盐和硫酸锌，除去蛋白质等杂质，将除去杂质后的发酵滤液加 3-羟基-2-萘甲酸钠与核黄酸，形成复盐，进行分离精制。

3. 含量测定

取 4 支试管，编号，于 1 号、2 号试管各加入样品液 4 mL、水 1 mL、冰乙酸 1 mL、$KMnO_4$ 0.5 mL（氧化样品内杂质），混匀后放置 2 min，各加入 0.5 mL H_2O_2，混匀后 10 s 内褪色。3、4 号试管为标准管，分别加入 4 mL 样品液、1 mL 维生素 B_2 标准液、1 mL 冰乙酸、0.5 mL $KMnO_4$，混匀后静置 2 min，各加入 0.5 mL H_2O_2，混匀。分别倒入荧光比色杯中，用荧光分光光度计测定，激发光波长 430 nm，发射波长 525 nm，狭缝 10 nm。设 1、2 号样品液加水的荧光读数为 A，随即再加入约 20 mg $Na_2S_2O_4$，迅速混合后测定，其荧光读数为 C，3、4 号样品液加维生素 B_2 标准液的荧光读数为 B。即可通过计算求得样品液中维生素 B_2 的含量。

计算方法：

$$\text{维生素 } B_2 \text{ 含量}（\text{μg/mL}）= \frac{A-C}{B-A} \times \frac{V_{\text{标准溶液}}}{V_{\text{样品溶液}}}$$

五、思考题

（1）什么物质中含较多的维生素 B_2？

（2）维生素 B_2 在有机体生化物质代谢中起什么作用？机体缺乏它时，会产生什么症状？

实验 16 银耳多糖的制备及分析

一、实验目的

（1）学习真菌多糖类的分离、纯化原理。
（2）掌握多糖类物质的一般鉴定方法。

二、实验原理

银耳（*Tremella fuciformis*）是一种我国传统的珍贵药用真菌，具有滋补强壮、扶正固本之功效。银耳中含有的多糖类物质具有明显提高机体免疫功能、抗炎症和抗放射等作用。多糖（Polysaccharides）的纯化方法很多，但必须根据目的物的性质及条件选择合适的纯化方法。而且往往用一种方法不易得到理想的结果，因此必要时应考虑联用几种方法：

（1）乙醇沉淀法：乙醇沉淀法是制备黏多糖的最常用手段。乙醇的加入，改变了溶液的极性，导致糖的溶解度下降。供乙醇沉淀的多糖溶液，其含多糖的浓度以 1% ~ 2%为佳。加完酒精，搅拌数小时，以保证多糖完全沉淀。沉淀物可用无水乙醇、丙酮、乙醚脱水，真空干燥即可得疏松粉末状产品。

（2）分级沉淀法：不同多糖在不同浓度的甲醇、乙醇或丙酮中的溶解度不同，因此可用不同浓度的有机溶剂分级沉淀分子大小不同的黏多糖。

（3）季铵盐络合法：黏多糖与一些阳离子表面活性剂如十六烷基三甲基溴化铵（CTAB）和十六烷基氯化吡啶（CPC）等能形成季铵盐络合物。这些络合物在低离子强度的水溶液中不溶解，在离子强度大时可以解离、溶解，释放出黏多糖。

本实验采用固体法培养获得的银耳子实体；经沸水抽提、三氯甲烷-正丁醇法除蛋白质和乙醇沉淀分离，可制得银耳多糖粗品；再用 CTAB（十六烷基三甲溴化铵）络合法进一步精制，可得银耳多糖精品。然后进行定性和定量测定及杂质含量测定。

三、试剂与仪器

1. 试 剂

（1）银耳子实体：20 g。
（2）2% CTAB：取 2 g CTAB 溶于 100 mL 蒸馏水中，摇匀，备用。
（3）硅藻土。
（4）活性炭。
（5）2 mol/L 氢氧化钠溶液，6.2 mol/L 氯化钠溶液。
（6）三氯甲烷-正丁醇溶液（4：1）。
（7）95%乙醇。
（8）甲苯胺。

（9）乙醚。

（10）无水乙醇。

（11）浓硫酸。

（12）α-萘酚。

（13）斐林试剂：

A 液：将 34.5 g 硫酸铜（CuSO₄·5H₂O）溶于 500 mL 水中；

B 液：将 125 g 氢氧化钠和 137 g 酒石酸钾钠溶于 500 mL 水中。

临用时，将 A、B 两液等量混合。

（14）Dextran 标准品（分子量分别为 10 000，40 000，70 000，90 000）。

（15）0.9% NaCl 溶液。

2．仪　器

布氏漏斗、抽滤瓶（500 mL）、分液漏斗（250 mL）、量筒（100 mL、10 mL）、离心机、烧杯（250 mL）、烧杯（500 mL、1 000 mL）、水浴锅、透析袋、滤纸、层析缸、搅拌器、Sephadex G-200 层析柱（1.5 cm ×33 cm）、滴管和试管。

四、实验步骤

1．提　取

将 20 g 银耳子实体和 800 mL 水加入 1 000 mL 烧杯中，于沸水浴中加热搅拌 8 h，离心去残渣（3 000 r/min，25 min）。上清液用硅藻土助滤，水洗，合并滤液后于 80 ℃ 水浴搅拌浓缩至糖浆状。然后加入 1/4 体积的氯仿-正丁醇溶液，摇匀，离心（3 000 r/min，10 min）分层，再用分液漏斗分出下层氯仿和中层变性蛋白，然后，重复去蛋白质操作两次。上清液用 2 mol/L NaOH 调至 pH 7.0，加热回流，用 1%活性炭脱色，抽滤，滤液扎袋，流水透析 48 h。透析液离心（3 000 r/min，10 min），上清液于 80 ℃ 水浴浓缩至原体积的 1/3。然后加入 3 倍量 95%乙醇，搅拌均匀后，离心（3 000 r/min，15 min），沉淀用无水乙醇洗涤 2 次，乙醚洗涤 1 次，真空干燥得银耳多糖粗品。

2．纯　化

取粗品 1 g，溶于 100 mL 水中，溶解后离心（3 000 r/min，10 min）除去不溶物，上清液加 2% CTAB 溶液至沉淀完全，摇匀，静置 4 h，离心，沉淀用热水洗涤 3 次，加 100 mL 2 mol/L NaCl 溶于 60 ℃ 解离 4 h，离心（3 000 r/min，10 min），上清液扎袋流水透析 12 h。透析液于 80 ℃ 水浴浓缩，加三倍量 95% 乙醇，搅拌均匀后，离心（3000 r/min，10 min），沉淀再分别用无水乙醇、乙醚洗涤，真空干燥，得银耳多糖精品。

3．理化性质分析

将银耳多糖精品分别加入水、乙醇、丙酮、乙酸乙酯和正丁醇中，观察其溶解性。另在浓硫酸存在下观察银耳多糖与α-萘酚的作用，于界面处观察颜色变化。

4. 含量测定

多糖在浓硫酸中水解后，进一步脱水生成糖醛类衍生物，与蒽酮作用形成有色化合物，进行比色测定。另外以 Folin 酚法测定银耳多糖样品中蛋白质含量，以紫外分光光度法测定样品中核酸的含量。

将提取得到的银耳多糖样品配成浓度为 0.1 g/mL 的溶液，按表 4.8 进行含量测定：

表 4.8　银耳多糖的含量测定

试剂用量/mL	管　号							
	1	2	3	4	5	6	7	8
标准银耳多糖	0	0.1	0.2	0.3	0.4	0.5	0	0
样品银耳多糖	0	0	0	0	0	0	0.5	0.5
水	1	0.9	0.8	0.7	0.6	0.5	0.5	0.5
硫酸蒽酮	4	4	4	4	4	4	4	4

将以上各试管放入沸水中煮沸 10 min，然后取出冷却至室温。在 490 nm 处测定各管吸光度值，并用 Excel 软件制作标准工作曲线，计算样品中银耳多糖的浓度。

五、思考题

（1）多糖类物质按其来源和组分可分别分为几种？不同材料来源的多糖，其提取方法是否相同？

（2）CTAB 为什么能与多糖类物质发生沉淀反应？

（3）以热水提取多糖是否会破坏多糖的结构？

第五章 中药制药分离工程实验

实验1 浸渍法提取盐酸小檗碱

一、实验目的

（1）掌握小檗碱的结构特点、特殊的理化性状及一般的提取方法。
（2）掌握药材提取方法和原理。
（3）熟悉盐酸小檗碱提取过程中各步骤的操作原理和方法。

二、实验原理

小檗碱属于季胺碱，结构如下（其中 Me 为甲基）。其游离碱为黄色针状结晶（乙醚），小檗碱能缓缓溶于冷水（1∶20），可溶于冷乙醇（1∶100），易溶于热水或热乙醇，难溶于苯、丙酮、氯仿，几乎不溶于石油醚。小檗碱与氯仿、丙酮、苯在碱性条件下均能形成加合物。

本实验浸取的原理：根据小檗碱的盐酸盐在水中溶解度小（1∶500），而小檗碱的硫酸盐在水中溶解度较大（1∶30），因此，从植物原料中提取小檗碱时常用稀硫酸水溶液浸渍或渗漉，然后向提取液中加 10%的氯化钠，在盐析的同时，也提供了氯离子，使其硫酸盐转变为氯化小檗碱（即盐酸小檗碱），溶解度降低而析出。

三、试剂与仪器

1. 试　剂

黄连粗粉、氯化钠、氢氧化钠、漂白粉、石灰乳、盐酸、硝酸、硫酸、丙酮、正丁醇、冰醋酸。

2. 仪　器

水浴锅、紫外灯、烧杯、试管、滤纸、层析缸。

四、实验内容

1. 盐酸小檗碱的浸提

取黄连粗粉 100 g，置 2 000 mL 烧杯中，加入 8 倍量的 0.3%硫酸水溶液浸泡 24 h，用脱脂棉过滤（或抽滤），滤液加石灰乳调 pH 12 左右，静置 30 分钟，用脱脂棉过滤，滤液用浓盐酸调 pH 2 ~ 3，再加入滤液量 10%的（W/V）固体氯化钠，搅拌使其完全溶解后，继续搅拌至溶液出现微浊现象为止，放置过夜，将析出的盐酸小檗碱沉淀抽滤，得盐酸小檗碱粗品。

2. 盐酸小檗碱的检识

（1）浓硝酸或漂白粉试验：取盐酸小檗碱粗品少许，加稀硫酸 8 mL 溶解，等分成两份置于两支试管中。向一支试管逐滴加入浓硝酸 2 滴，立即显樱红色；另一支试管中加入少许漂白粉，也立即显樱红色。

（2）丙酮试验：取盐酸小檗碱粗品约 50 mg，置试管中，加蒸馏水 5 mL，缓缓加热，溶解后加氢氧化钠 2 滴，显橙色。溶液放冷，过滤，取澄清滤液，加丙酮 4 滴，即出现浑浊，放置后析出黄色丙酮小檗碱沉淀。

（3）纸层析检识。

支持剂：层析滤纸（中速，20 cm × 7 cm）；

样　品：实验所得的精制盐酸小檗碱乙醇溶液；

对照品：盐酸小檗碱标准品乙醇溶液；

展开剂：正丁醇-冰醋酸-水（4∶1∶1）或正丁醇-冰醋酸-水＝（7∶1∶2）；

显　色：紫外灯观察。

五、注意事项

（1）浸泡药材粗粉的硫酸水溶液浓度不宜过高，一般以 0.2% ~ 0.3%为宜。若硫酸水溶液浓度过高，小檗碱可成为硫酸氢小檗碱，其溶解度（1∶100）明显比硫酸小檗碱（1∶30）小，从而影响提取效率。硫酸水溶液的浸出效果与浸泡时间有关，有报道，浸泡 12 h 约可浸出小檗碱 80%，浸泡 24 h，可浸出 92%。常规浸出应浸泡多次，使小檗碱提取完全，在本实验中只收集第一次的浸泡液。

（2）盐析时，加入氯化钠的量以提取液量的 10%计算，即可达到析出盐酸小檗碱的目的。氯化钠的用量不可过多，否则溶液的相对密度增大，使细小的盐酸小檗碱结晶呈悬浮态，难以下沉。因粗制食盐混有较多的泥沙等杂物，影响提取，故盐析用的氯化钠应以市售的精制细盐为好。

六、思考题

（1）药材的浸提方法有哪些？各有什么特点？

（2）分析实验过程中各步骤的原理。

实验 2　连续回流法提取白芷中的香豆素

一、实验目的

（1）掌握连续回流提取法的原理和方法。
（2）熟悉重结晶的原理和方法。

二、实验原理

白芷中的主要有效成分为香豆素类化合物。异欧前胡素（1）和欧前胡素（2）为白芷的主要有效成分，其结构如下：

$$1.\ R^1 = O-CH_2-CH=C\begin{matrix}CH_3\\CH_3\end{matrix}\ ,\ R^2 = H$$

$$2.\ R^1 = H,\ R^2 = O-CH_2-CH=C\begin{matrix}CH_3\\CH_3\end{matrix}$$

常见的提取方法有：溶剂提取法、水蒸气蒸馏法、升华法。其中，溶剂提取法应用最广。溶剂提取法的原理：根据相似相溶原理，选择与化合物极性相似的溶剂将化合物从组织中溶解出来，同时，由于某些化合物的增溶或助溶作用，其极性与溶剂极性相差较大的化合物也可溶解出来。溶剂提取法一般包括浸渍法、渗漉法、煎煮法、回流提取法、连续回流提取法等，其适用范围和特点各有不同。连续回流提取法具有提取效率高、溶剂用量少等优点。

本实验利用连续回流提取法提取白芷中的香豆素。

三、试剂与仪器

1. 试　剂

白芷粗粉、乙醇、石油醚、乙醚、蒸馏水、丙酮。

2. 仪　器

烧杯、圆底烧瓶、三角烧瓶、索氏提取器、电子天平、恒温水浴、硅胶薄层板、色谱缸、球形冷凝管、真空泵。

四、实验步骤

1. 白芷中香豆素的提取

取白芷粗粉 30 g，用滤纸桶包裹，置于索氏提取器中，加入 95%的乙醇 300 mL，80 ℃

恒温水浴回流 2 h，提取液回收乙醇，浓缩至糖浆状。用丙酮溶解并转移至 50 mL 三角烧瓶中，放置结晶，抽滤后，所得产品干燥称重，计算得率。

2. 产品的薄层色谱鉴定

色谱材料：硅胶薄层板；

点样：产品、欧前胡素和异欧前胡素标准品；

展开剂：石油醚-乙醚（1∶1）；

显色：置紫外光灯（365 nm）下，观察斑点颜色；

展开方式：预饱和后，上行展开。

五、思考题

（1）连续回流提取法主要适用于提取中药中的哪些成分？

（2）连续回流提取法的优点有哪些？

实验 3　pH 梯度萃取分离大黄中蒽醌类成分

一、实验目的

（1）掌握羟基蒽醌类化合物的提取分离方法。
（2）掌握梯度 pH 萃取法的原理及操作技术。
（3）掌握利用溶剂的极性不同分离脂溶性和水溶性成分的方法。

二、实验原理

大黄中的蒽醌类成分主要包括大黄酸、大黄酚、芦荟大黄素、大黄素、大黄素甲醚及其苷，总含量 3%～5%，其结构如下所示。利用蒽醌苷类成分酸水解形成的苷元极性较小，溶于有机溶剂的性质，采用两相酸水解法提取总蒽醌苷元。

大黄酚　　$R^1=CH_3$，$R^2=H$

大黄素　　$R^1=CH_3$，$R^2=OH$

大黄酸　　$R^1=COOH$，$R^2=H$

大黄素甲醚　$R^1=CH_3$，$R^2=OCH_3$

芦荟大黄素　$R^1=CH_2OH$，$R^2=H$

大黄中游离羟基蒽醌类成分由于结构中羟基、酚羟基和醇羟基的数目及位置的不同而表现出不同程度的酸性，根据此性质，在用乙醚萃取出总提取物中的脂溶性成分后，采用梯度 pH 萃取法分离。

三、试剂与仪器

1. 试　剂

大黄、氨水、氯仿、硫酸、乙醚、石油醚（沸程 60～90 ℃）、碳酸氢钠、盐酸、醋酸乙酯、氢氧化钠、碳酸钠。

2. 仪　器

烧杯、圆底烧瓶、三角烧瓶、电子天平、恒温水浴、硅胶薄层板、色谱缸、球形冷凝管、真空泵。

四、实验步骤

1. 大黄中蒽醌类成分的提取和分离（流程见图5.1）

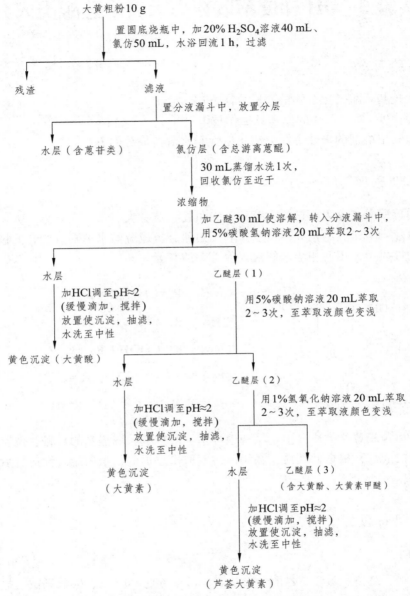

图 5.1 大黄中蒽醌类成分的提取和分离流程

2. 鉴 定

（1）显色反应：取上述三种乙醚液分别滴加氢氧化钠溶液和醋酸镁试液，观察颜色变化。

（2）薄层色谱鉴别：

样品：上述三种乙醚液；

吸附剂：硅胶 CMC-Na 板，湿法铺板，105 ℃ 活化 30 min；

展开列：石油醚-醋酸乙酯（8∶1）；
显色剂：氨水熏。

五、思考题

（1）检识天然产物中的蒽醌类成分，常用的显色反应主要有哪些？
（2）大黄中 5 种黄酮类化合物的酸性和极性大小顺序如何排列？为什么？
（3）梯度 pH 梯度萃取法的原理是什么？适用于哪些中药化学成分的分离？
（4）试分析薄层色谱图中各羟基蒽醌类成分的结构与 R_f 值的关系。

实验 4　水蒸气蒸馏法提取八角茴香油

一、实验目的

（1）掌握用水蒸气蒸馏法提取挥发油的原理和方法。
（2）熟悉挥发油的一般检识及挥发油中成分的分离方法。
（3）熟悉挥发油中化学成分的薄层定性检识。

二、实验原理

八角茴香为木兰科植物八角茴香的干燥成熟果实。内含挥发油约 5%，主要成分是茴香脑，占总挥发油的 80%～90%；此外，还含有少量甲基胡椒酚、茴香醛、茴香酸等。
其主要化合物的结构如下：

茴香脑　　　　甲基胡椒酚　　　　茴香醛　　　　茴香酸

水蒸气蒸馏法是从植物性药材中提取挥发油的常用方法。该方法是基于不互溶液体的独立蒸气压原理，先将经过预处理的药材加入提取器，并加入适量的水，然后向水中通入饱和或过热水蒸气，当体系开始沸腾时，水蒸气便与被分离组分的蒸气一起由提取器的上部出口管排出，排出的蒸气经冷凝后分层，除去水层即得产品。本实验即根据这一原理，选用水蒸气蒸馏法进行提取，获得挥发油。

挥发油的组成成分比较复杂，常含有烷烃、烯烃、醇、醛、酮、酸、醚等。由于各类化合物都具有其特征官能团，因此，可以用一些检出试剂在薄层板上进行点滴试验，从而了解挥发油各组分化合物的类型。

挥发油各组分的极性各不相同，一般结构中不含氧的烃类和萜类化合物极性较小，在薄层层析时可以被石油醚较好地展开；而含氧的烃类和萜类化合物极性较大，不易被石油醚展开，但可被石油醚-乙酸乙酯的混合溶剂较好地展开。为了使挥发油中各组分能在一块薄层板上进行分离，可采用单向二次层析展开法或双向展开法。

三、试剂与仪器

1. 试　剂

八角茴香、乙醇、石油醚（沸程 30～60 ℃）、乙酸乙酯、香草醛、硫酸。

2. 仪　器

圆底烧瓶、长颈圆底烧瓶、直形冷凝管、分液漏斗、锥形瓶、布氏漏斗、滤纸、抽滤瓶、电热套、挥发油测定器、硅胶 CMC-Na 薄层板（10 cm × 10 cm）、毛细管。

四、实验步骤

1. 八角茴香油的水蒸气蒸馏法

取八角茴香 30 g，捣碎，置于烧瓶中，加适量水浸泡湿润，按一般水蒸气蒸馏法进行蒸馏。也可将捣碎的八角茴香置于挥发油测定器的烧瓶中，加蒸馏水 500 mL 与玻璃珠数粒，振摇混合后，连接挥发油测定器与回流冷凝管。自冷凝管上端加水使其充满挥发油测定器的刻度部分，并溢流入烧瓶时为止。缓缓加热至沸，至测定器中油量不再增加，停止加热，放冷，分取油层。

分离固体成分：将所得的八角茴香油置于冰箱中冷却 1 h，即有白色结晶析出，趁冷过滤，压干。结晶主要为茴香脑，滤液为析出茴香脑后的八角茴香油。

按下式计算八角茴香中挥发油的含量。

$$挥发油含量（mL/g）= 挥发油体积/八角茴香重量 × 100\%$$

2. 八角茴香油的检识

（1）油斑试验：将八角茴香油 1 滴滴于滤纸片上，加热烘烤，观察油斑是否消失。

（2）挥发油的薄层检识

单向二次展开：取 1 块长约 15 cm 的硅胶 CMC-Na 薄层板，在距底边 1.5 cm 及 8 cm 处分别用铅笔画一起始线和中线。将八角茴香油溶于丙酮，用毛细管点于起始线上，用石油醚（沸程 30 ~ 60 ℃）-乙酸乙酯（85：15）混合液为展开剂，展开至薄层板的中线处，取出，挥去展开剂后，再放入石油醚中展开，至接近薄层板顶端时取出，挥去溶剂后立即显色。

显色剂：分别用表 5.1 所列显色剂喷雾显色。

表 5.1　各显色剂与挥发油的显色情况

显色剂	挥发油显色情况
1%香草醛-60%硫酸溶液	紫色、红色等多种颜色
荧光素-溴试剂	黄色斑点表示有不饱和化合物
2，4-二硝基苯肼试剂	黄色斑点表示有醛、酮化合物
0.05%溴甲酚绿乙醇试剂	黄色斑点表示有酸性化合物

双向展开：取 10 cm × 10 cm 硅胶 CMC-Na 薄层板一块，沿起始线的右侧 1.5 cm 处点样（只点 1 个原点）。先在石油醚中做第一方向展开，待展开至接近薄层板的上端，取出薄层板，挥去溶剂，再将薄层板调转 90 ℃，置于石油醚（30 ~ 60 ℃）-乙酸乙酯（85：15）展开剂中做第二方向展开，至接近薄层板上端，取出薄层板，挥去展开剂，同上法显色。根据结果分析挥发油组成情况。

五、注意事项

（1）采用挥发油含量测定装置提取挥发油，可以初步了解该药材中挥发油的含量，但所用的药材量应使蒸出的挥发油量不少于 0.5 mL。

（2）挥发油测定装置一般分为两种，一种适用于测定相对密度小于 1.0 的挥发油，另一种用于测定相对密度大于 1.0 的挥发油。《中华人民共和国药典》（1995 年版）规定，测定相对密度大于 1.0 的挥发油，也在相对密度小于 1.0 的测定器中进行，可在加热前，预先加入 1 mL 二甲苯于测定器中，然后进行水蒸气蒸馏，使蒸出的相对密度大于 1.0 的挥发油溶于二甲苯中。由于二甲苯的相对密度为 0.896 9，一般能使挥发油与二甲苯的混合溶液浮于水面。在计算挥发油的含量时，扣除加入二甲苯的体积即可。

（3）提取完毕，须待油水完全分层后，再将油放出，注意尽量避免带出水分。

（4）挥发油单向二次展开层析时，一般先用极性较大的展开剂展开，然后再用极性较小的展开剂展开，所得的分离效果较好。在第一次展开后，应将展开剂完全挥去，再进行第二次展开，否则将影响第二次展开的极性，从而影响分离效果。

（5）挥发油易挥发逸失，因此进行层析检识时，操作应及时，不宜久放。

六、思考题

（1）提取挥发油常用方法有哪几种？哪种方法较好，为什么？

（2）水蒸气蒸馏装置包括哪几部分？

（3）水蒸气蒸馏对被提纯物有何要求？

实验 5 大黄中蒽醌类化合物的超临界 CO_2 萃取及鉴别

一、实验目的

（1）掌握超临界 CO_2 萃取的工艺原理和用超临界 CO_2 萃取技术分离提取药用植物有效成分的工艺过程以及工艺参数优化方法。

（2）掌握蒽醌类化合物的提取分离方法及原理。

二、实验原理

大黄中含有多种游离的羟基蒽醌类化合物以及它们与糖所形成的苷，总量 3%～5%。大黄中抗菌、抗感染有效成分为大黄酸、大黄素和芦荟大黄素，表现在对多种细菌有不同程度的抑菌作用。药理证明大黄能缩短凝血时间，止血的主要成分为大黄酚（Chrysophanol）。大黄粗提物、大黄素或大黄酸对实验性肿瘤有抗癌活性。大黄中主要已知羟基蒽醌的结构和性质如下。

1. 大黄素（Emodin）

橙黄色长针晶（丙酮中结晶为橙色，甲醇中结晶为黄色），结构如下。熔点 256～257 ℃。几乎不溶于水，能溶于乙醇，可溶于 NaOH、NH_4OH 和 Na_2CO_3 溶液，微溶于乙醚、氯仿、苯。

2. 大黄酚（Chrysophanol）

金黄色六角型片状结晶（丙酮中结晶）或针状结晶（乙醇中结晶），结构如下。熔点 196～197 ℃，能升华。易溶于乙醚、氯仿、苯、冰乙酸、乙醇，稍溶于甲醇，难溶于石油醚，不溶于水、NaHCO_3 和 Na_2CO_3 水溶液，可溶于 NaOH 水溶液及热的 Na_2CO_3 水溶液。

3. 大黄素–6–甲醚（Emodin monomethyl ether）

金黄色针晶，结构如下，熔点 203～207 ℃，能升华。可溶于氢氧化钠水溶液，溶解度与大黄酚相似。

4. 大黄酸（Rhein）

黄色针状结晶，结构如下，熔点 321~322 ℃，几乎不溶于水，能溶于碱、吡啶，微溶于乙醇、氯仿、苯、乙醚、石油醚。

5. 芦荟大黄素（Aloe-emodin）

橙色针状结晶（甲苯），结构如下，熔点 223~224 ℃，易溶于热乙醇，可溶于苯和乙醚。

上述 5 种成分，由于母核上的取代基不同，导致各成分的极性不同，利用薄层色谱法可将 5 种成分进行分离。由于大黄中的成分具有多环共轭体系，故可通过日光下检视斑点的颜色以及紫外光灯（365 nm）下检视斑点的荧光进行鉴别；由于大黄中的成分具有蒽醌结构，还可以用氨熏变红色来鉴别。

利用超临界流体二氧化碳做溶剂进行萃取，采用低温萃取和惰性气体保护，防止"敏感性"物质的氧化和逸散，使萃取和分离很容易。可有效地提高生产效率，节约能耗。同时，在生产过程中可以完全不用任何有机溶剂，所以萃取物不含有机溶剂残留，保持了萃取物的全天然性。整个过程不产生"三废"，不会对环境造成污染。

本实验以药材大黄为对象，运用超临界 CO_2 萃取技术提取其中的有效成分——羟基蒽醌类化合物，并利用薄层色谱法进行鉴别。

三、试剂与仪器

1. 试 剂

大黄粗粉、石油醚（沸程 60~90 ℃）、乙酸乙酯、甲酸、浓氨水、氢氧化钠、碳酸钠。

2. 仪 器

超临界 CO_2 萃取装置、色谱缸、点样毛细管、三用紫外分析仪、电吹风、烘箱、天平、量筒、CO_2 气瓶。

四、实验步骤

1. 羟基蒽醌类化合物的超临界流体萃取

将 300 g 大黄药材用粉碎机粉碎成 20～40 目药粉，放入萃取器中，按照仪器使用说明，选择合适的温度和压力，使系统密闭形成高压，开始通入 CO_2 流体，进行萃取（由于羟基蒽醌类化合物的极性比较小，可以不用加入极性的夹带剂），30～60 min 后，取出药材和萃取物，该萃取物应为黄色固体。干燥，称重，计算得率。

2. 萃取物的薄层色谱鉴别

吸附剂：硅胶薄层板，105 ℃ 活化 30 min。

点样：总蒽醌产品及样品。

展开剂：石油醚-甲酸乙酯-甲酸（15∶5∶1）或石油醚-乙酸乙酯（9∶1）。

展开方式：密闭饱和 5～15 min，上行展开。

显色：可见光下显黄色斑点；紫外分析灯下显亮黄色斑点；将薄层板置于密闭的氨蒸气瓶中熏 10 min，斑点为红色；将氨熏后的薄层板置于 365 nm 紫外光灯下，观察斑点的荧光和颜色；3%NaOH 溶液或 5% Na_2CO_3 溶液喷后显红色斑点。

五、注意事项

（1）进行超临界流体萃取时，要严格按照仪器的使用说明操作。

（2）注意点样位置、样点直径和形状。

（3）展开剂要平整地沿直线向前展开。

六、思考题

（1）超临界 CO_2 萃取技术的原理是什么？

（2）影响超临界流体萃取的因素有哪些？各因素将如何影响萃取效果？

（3）大黄中 5 种游离羟基蒽醌化合物的极性与结构的关系如何？

（4）简述大黄中 5 种羟基蒽醌化合物的酸性与结构的关系。

实验 6　有机溶剂沉淀法制备大豆脲酶

一、实验目的

（1）掌握有机溶剂沉淀法的原理和基本操作。

（2）掌握大豆脲酶提取分离的一般步骤。

（3）熟悉重结晶操作的方法。

二、实验原理

脲酶广泛存在于微生物和动植物组织中，1926 年，Sumner J 曾用 32%的丙酮溶液从刀豆粉中提取脲酶，并得到了结晶。该酶的分子量为 483 000，由 6 个亚基组成，等电点 4.9，溶于水和稀缓冲液，粗酶较稳定，纯酶不太稳定，结晶酶在低温下可稳定存在 1 年以上。

本实验用乙醇或丙酮从大豆种子中提取脲酶，并用有机溶剂和等电点结合法制备该酶。

三、试剂与仪器

1. 试　剂

（1）新鲜大豆或大豆粉；

（2）人造沸石：专用于吸附氨 Permuting 颗粒状人造沸石；

（3）2%醋酸：冰醋酸 2 mL 用蒸馏水稀释至 100 mL；

（4）64%和 32%丙酮：丙酮原液按体积比用蒸馏水配制。

2. 仪　器

家用磨粉机、冰浴设备、离心机、离心管（5 mL、10 mL、50 mL）、塑料离心管（1.5 mL）及其他常规仪器。

四、实验步骤

1. 提　取

（1）称取 5 g 人造沸石，置小烧杯中，用 2%乙酸浸泡两次，倾去酸，加蒸馏水反复洗涤至中性，沥干备用。

（2）称取 10 g 新鲜大豆粉，置于锥形瓶中，加上述人造沸石，加 50 mL 32%丙酮溶液，在冰浴中持续摇动 4～5 min，4 层纱布过滤，收集滤液。

（3）将滤渣重新置于锥形瓶中，另加 10 mL 32%丙酮，再提取一次，4 层纱布过滤，合并两次滤液。在 4 ℃，3 500 r/min 离心 8～10 min，小心倾出上清液，计量体积。取 1 mL 酶液保存，供测定酶活力和蛋白质使用。

2. 沉　淀

脲酶在 32%的丙酮中可以缓慢聚集而沉淀，但当酶液在等电点附近时，沉淀生成更快。

（1）将提取的酶液置于冰浴中，在缓慢搅拌下，用点滴管逐滴滴加 2%醋酸，并不断用精密 pH 试纸检测 pH 变化，观察产生浑浊的现象，直至 pH 4.9 左右。置于 4 ℃ 低温下过夜，可析出沉淀。

（2）将沉淀物仔细转入预冷的离心管，3 500 r/min 离心 10 ~ 12 min。上清液回收丙酮，沉淀即为脲酶粗品。风干后，称重，计算酶的得率。

3. 重结晶

（1）将所得粗酶溶于少许蒸馏水中，吸取 0.2 ~ 0.4 mL 用于测定酶活力和蛋白质，此即粗酶的活力。

（2）酶溶液在冰浴中冷至 2 ~ 4 ℃，搅拌下缓慢滴入等体积 64%的预冷丙酮溶液，保持低温条件让其缓慢析出结晶，需要较长的时间，可得到较好的正方形晶体。如果将溶液调至等电点结晶，则结晶速度较快，但晶形不够规整。结晶干燥后低温保存。

4. 结果计算

$$酶的得率（\%）=\frac{酶干重+酶干重×测酶活力留取液体积/酶液总体积}{样品重}×100\%$$

酶的比活力$[U/mg，（pr.）]$＝总活力/总蛋白质

报告实验结果及观察到的有关现象。酶制备记录表如表 5.2 所示。

表 5.2　酶制备记录

步骤	总体积/mL	酶活力		蛋白质		比活力 U/mg（pr.）	得率/%
		U/mL	总活力/U	mg/mL	总蛋白质/mg		
1. 提取液 2. 粗酶 3. 结晶酶							

五、思考题

（1）脲酶提取过程中为什么要用人造沸石？

（2）脲酶提取过程中有 2 次需要离心，每次离心的目的是什么？离心操作要注意些什么问题？

实验 7　离子交换法分离纯化苦参生物碱

一、实验目的

（1）掌握用离子交换树脂法提取、分离生物碱的原理和方法。
（2）熟悉离子交换分离方法的操作过程。
（3）了解阳离子交换树脂的性能和处理方法。

二、实验原理

苦参是豆科槐属植物苦参的干燥根，含有苦参碱、氧化苦参碱、N-甲基金雀花碱、氧化槐果碱、槐定碱（结构如下）等多种生物碱，总碱含量高达约 1%，其中以苦参碱、氧化苦参碱含量最高。氧化苦参碱为白色柱状结晶，可溶于水、三氯甲烷、乙醇，难溶于乙醚、石油醚。苦参碱可溶于水、乙醚、三氯甲烷、苯，难溶于石油醚。目前，药理实验表明苦参碱、氧化苦参碱等具有消肿利尿、抗肿瘤和抗心律失常的作用。

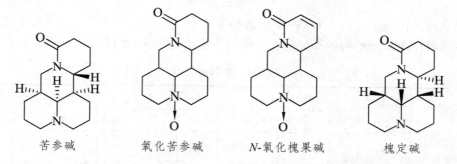

苦参碱　　　　氧化苦参碱　　　　N-氧化槐果碱　　　　槐定碱

苦参生物碱是喹喏里西丁类生物碱，可利用其可与强酸结合生成易溶于水的盐的性质，将总碱从药材中提取出来。将其盐的水溶液通过阳离子交换树脂柱进行交换，交换树脂用浓氨水碱化，再用氯仿提取得苦参生物碱。

三、试剂与仪器

1. 试　剂

苦参粗粉、732 型强酸性阳离子交换树脂、硅胶 G、乙醇、浓氨水、氯仿、无水硫酸钠、丙酮、甲醇、0.3% HCl、氢氧化钠、改良的碘化铋钾试液、氧化苦参碱对照品等。

2. 仪　器

玻璃色谱柱（21 mm×200 mm）及配套分液漏斗、烧杯、渗漉筒、滤纸、索氏提取器、恒温水浴锅、蒸发皿、玻璃板（5 cm×20 cm）、色谱缸、抽滤瓶、布氏漏斗、冷凝器等。

四、实验步骤

1. 酸水提取

称取 50 g 苦参粉末，加入适量 0.3%的盐酸，放置 1h 充分湿润。装入渗漉筒，继续补充加入 0.3%的盐酸，浸过药面，放置过夜。

用 0.3% HCl 为溶剂，以 2～3 mL/min 的速度渗漉，边渗漉边检查生物碱反应（或测定 pH 的变化，pH 控制在 3～5），至渗漉液生物碱反应微弱为止。

生物碱检查反应：将流出液滴在滤纸上，喷雾改良碘化铋钾试剂，如有橙红色斑点为正反应，无橙红色斑点为负反应。

2. 离子交换

将上述渗漉液通过处理好的强酸性阳离子树脂 40 g，交换速度为 2～3 mL/min，流出液经常以碘化铋钾检查，如发现有未被交换的生物碱流下，可调整流速继续进行交换，待渗漉液全部通过树脂后，将树脂倒入烧杯中，用蒸馏水洗涤数次，除去非阳离子杂质，然后滤干，将树脂倒入蒸发皿中，自然晾干（或于 40～50 ℃烤箱中烤干）。

3. 生物碱洗脱

将晾干后的树脂放入烧杯中，加浓氨水 15 mL，充分搅匀，使湿润度合适（树脂充分膨胀，无水分溢出），盖好，静置 20 min 后，装入索氏提取器中，用 250 mL 氯仿在水浴上连续回流洗脱约 2 h，至提尽生物碱为止。回流完毕后，氯仿提取液加无水硫酸钠干燥脱水，回收氯仿至干。残留物加入少量丙酮，热溶，放置，析晶，过滤，得苦参生物碱粗晶（主要含氧化苦参碱）。

4. 苦参生物碱的薄层层析

样品：氧化苦参碱标准品，粗品，取少量于小试管中加适量氯仿溶解；
吸附剂：硅胶 G 板，105 ℃ 活化 30 min；
展开剂：氯仿-甲醇-浓氨水（19∶1∶0.5）；
显色剂：改良碘化铋钾；
色谱结果：对照样品色斑与标准品斑点的颜色和位置，计算 R_f 值，并观察母液中有多少生物碱的斑点，做出结论。

五、思考题

（1）离子交换树脂提取生物碱的原理是什么？其方法有什么特点？
（2）根据苦参生物碱的性质，设计用溶剂法提取苦参生物碱的流程。
（3）使用索氏提取器有什么优点？应注意哪些问题？

实验 8　薄层色谱法分离辣椒红色素

一、实验目的

（1）掌握用薄层色谱法分离、提取天然产物的原理和方法。
（2）学习用薄层色谱和柱色谱方法分离、提取红辣椒中的红色素。

二、实验原理

色谱法是利用混合物组分在某一物质中的吸附、分配性能的不同，使混合物的溶液流经该种物质，进行反复的吸附或分配作用，当两相相对运动时，样品中的各组分将在两相中多次分配，分配系数大的组分迁移速度慢，分配系数小的组分迁移速度快，因而会以一定的先后顺序流出色谱柱，从而使各组分分离。

红辣椒含有多种色泽鲜艳的天然色素，其中呈深红色的色素主要是由辣椒红脂肪酸酯和少量辣椒玉红素脂肪酸酯所组成，呈黄色的色素则是 β-胡萝卜素（结构如下）。这些色素可以通过层析法加以分离。

辣椒红

辣椒玉红素

β-胡萝卜素

辣椒红、辣椒玉红素和 β-胡萝卜素是由 8 个异戊二烯单元组成的四萜化合物。类胡萝卜素类化合物的颜色是由长的共轭体系产生的，该体系使化合物能够在可见光范围吸收能量。

对辣椒红来说，对光的吸收使其产生深红色。

在本实验中，先用二氯甲烷提取红辣椒，得到色素的混合物；然后，通过制备薄层色谱，使用二氯甲烷作为展开剂，分离色素混合物；再将深红色斑点带刮下，溶解过滤，得到具有相当纯度的红色素（即辣椒红色素）。

三、试剂与仪器

1. 试　剂

干燥红辣椒、二氯甲烷、硅胶 G（200～300 目）、沸石。

2. 仪　器

圆底烧瓶、布氏漏斗、吸滤瓶、广口瓶、（薄板 10 cm×10 cm、5 cm×10 cm）、点样毛细管、色谱柱、冷凝管。

四、实验步骤

1. 色素的提取

红辣椒去籽，研碎，称取 3 g，置 50 mL 圆底烧瓶中，放入 2 粒沸石，加入 30 mL 二氯甲烷，装上回流冷凝管，加热回流 30 min。待提取液冷却至室温，过滤，回收二氯甲烷溶剂，得到色素混合物。

2. 薄层色谱分离

取 10 cm×10 cm 薄板，用硅胶 G 不外加黏合剂制备薄层色谱板，用二氯甲烷作为展开剂。取少量粗色素混合物样品刮入烧杯中，用 0.5 mL 二氯甲烷溶解。在距硅胶 G 薄板底边 1.5 cm 处用铅笔画一直线，在直线上点样，点成带状，宽度不宜过宽（2 mm 左右），晾干，放入展开缸中进行展开。记录每一色素带的颜色，并计算它们的 R_f 值。取出薄层板，晾干，然后将深红色色素带用刀片轻轻刮下，转移至小烧杯中。加 10 mL 二氯甲烷，充分搅拌溶解，过滤，挥干溶剂，得到辣椒红色素。

3. 辣椒红色素的检验

（1）薄层检验：通过薄层色谱来检验薄层色谱的分离效果。采用 5 cm×10 cm 硅胶 G 板，鉴定含有红色素产品。

样品：辣椒红色素标准品；红色素样品：取少量样品置于小试管中，加适量二氯甲烷溶解。

展开剂：二氯甲烷。

色谱结果：对照样品色斑与标准品斑点的颜色和位置，计算 R_f 值，并观察样品溶液有无其他色素斑点，做出结论。

（2）红外检验：对所得红色素样品进行红外光谱分析，并与红色素的标准红外光谱图进行比较。

五、思考题

（1）标出辣椒红和β-胡萝卜素结构中的异戊二烯单元。

（2）已知主要成分红色素是多种化合物的混合物，那么为什么在薄层色谱中它只形成一个斑点？

（3）分析红色素的红外光谱图，从中可以获得有关分子结构的哪些信息？

实验 9　大孔树脂柱色谱分离纯化白头翁皂苷

一、实验目的

（1）掌握大孔吸附树脂的性质和使用原理。

（2）学习用大孔吸附树脂分离天然亲水性成分的工艺过程及工艺参数的优化方法。

二、实验原理

白头翁（Pulsatilla Chinensis）是常用传统中药，其味苦、性寒，有清热解毒、凉血止痢等功效，现代药理学研究表明其具有抗阿米巴原虫、抗菌、抗滴虫、抗肿瘤作用。白头翁中主要含皂苷类成分。

大孔吸附树脂是一种不含交换基团的、具有大孔结构的高分子吸附剂，是一种亲脂性物质，具有各种不同的表面性质。大孔吸附树脂依靠其分子中的亲脂键、偶极离子及氢键的作用，可以有效地吸附具有不同化学性质的各种类型化合物，同时也容易解吸附。大孔吸附树脂按极性强弱分为极性、中极性和非极性三种。大孔吸附树脂具有吸附速度快、选择性好、吸附容量大、再生处理简单、机械强度高等优点。根据反相色谱和分子筛原理，大孔吸附树脂对大分子亲水性成分吸附力弱，对非极性物质吸附力强，因此适用于亲水性和中等极性物质的分离，可除去混合物中的糖和低极性小分子有机物。被分离组分间极性差别越大，分离效果越好。一般用水、含水甲醇或乙醇、丙酮洗脱，最后用浓醇或丙酮洗脱，再生时用甲醇或乙醇浸泡洗涤即可。

本实验采用 D101 型大孔吸附树脂提取分离白头翁中的皂苷。

三、试剂与仪器

1. 试　剂

白头翁粗粉、D101 型大孔吸附树脂、乙醇、正丁醇、醋酸、乙醚、蒸馏水、丙酮、活性炭、棉花、硫酸。

2. 仪　器

烧杯、漏斗、滤纸、三角烧瓶、球形冷凝管、索氏提取器、电子天平、恒温水浴锅、硅胶 G 薄层板、毛细管、色谱柱、色谱层析缸。

四、实验步骤

1. 大孔吸附树脂的预处理

取 D101 型大孔吸附树脂 100 g，加 150 mL 乙醇，用 500 mL 索氏提取器回流 3 h，待回流液 1 份加 3 份水不出现浑浊时，取出树脂，沥干乙醇，放入蒸馏水中，浸泡待用。

2. 皂苷的提取

取白头翁药材粗粉 20 g，加入 4 倍体积的乙醇回流提取 2 次，每次 2 h，合并滤液，回收乙醇至 10 mL，加 50 mL 乙醚搅拌、沉淀，倒出上清液，过滤，沉淀用水溶解，活性炭脱色、过滤，滤液上柱。

3. 色谱分离

取一玻璃柱（10 mm × 30 cm），下端塞上棉花，湿法装入已处理好的 30 g 大孔吸附树脂，上端再加少许棉花，取总皂苷液上柱，用水 200 mL 洗脱，再依次用 20%、50%、95%乙醇各 200 mL 洗脱，至洗脱液中不含皂苷，收集各洗脱液。洗脱液 20%乙醇、50%乙醇部分各取 10 mL 于热水浴蒸发浓缩至 2 mL，点样；95%部分于水浴回收至小体积（约 30 mL），点样用。

4. 产品的薄层色谱鉴定

色谱材料：硅胶 G 薄层板。
点样：20%乙醇洗脱浓缩液、50%乙醇洗脱浓缩液、95%乙醇洗脱浓缩液。
展开剂：正丁醇-醋酸-水（4∶1∶1）。
展开方式：预饱和后，上行展开。
显色：10%硫酸 105 °C 显色。

五、实验结果与讨论

记录实验条件、现象、图谱、斑点颜色、各试剂用量及产品的重量。

六、注意事项

（1）配制展开剂时要充分摇匀。
（2）用乙醚沉淀时应一边搅拌一边倒入乙醚，使沉淀完全。
（3）乙醚沸点低，使用时要注意安全。

七、思考题

（1）大孔吸附树脂法提取分离皂苷的原理是什么？有何特点？
（2）树脂为什么要经过预处理？

实验 10 柱层析法对色素的提取与分离

一、实验目的

（1）通过提取和分离绿色植物色素，了解天然物质的分离、提纯方法。
（2）了解柱层析和薄层色谱分离的基本原理，掌握柱层析和薄层色谱分离的操作技术。
（3）通过柱色谱和薄层色谱分离操作，了解微量有机物色谱分离、鉴定的原理。

二、实验原理

石油醚的脂溶性很强。叶绿体中的 4 种色素在石油醚中的溶解度是不同的：溶解度最大的是胡萝卜素，它随石油醚在滤纸上扩散得最快，叶黄素和叶绿素 a 的溶解度次之；叶绿素 b 的溶解度最小，扩散得最慢。这样，4 种色素就在扩散过程中分离开来。同理，提取液可用层析的原理加以分离。因吸附剂对不同物质的吸附力不同，当用适当的溶剂推动时，混合物中各成分在两相（流动相和固定相）间具有不同的分配系数，所以它们的移动速度不同，经过一定时间层析后，可将混合色素分离。

本实验采用活性氧化铝作为吸附剂，分离菠菜中的胡萝卜素、叶黄素、叶绿素 a 和叶绿素 b。

三、试剂与仪器

1. 试　剂

硅胶 G、碱性 Al_2O_3、石英砂、甲醇（500 mL）、石油醚（沸程 60~90 ℃，500 mL）、丙酮（500 mL）、乙酸乙酯（500 mL）、菠菜叶。

2. 仪　器

研钵、布氏漏斗、圆底烧瓶（150 mL，2 个）、色谱柱、抽滤瓶、铁架台、脱脂棉、723 型分光光度计、烧杯（500 mL，3 个）、分液漏斗（250 mL，1 个）。

四、实验步骤

1. 菠菜色素的提取

取 2 g 新鲜菠菜叶，与 10 mL 甲醇拌匀，研磨 5 min，弃去滤液。残渣用 10 mL 石油醚-甲醇（3∶2）混合液提取 2 次。合并提取液，用水洗后弃去甲醇层，石油醚层用水浴加热，得到浓缩液。

2. 薄层层析

将上述浓缩液点在硅胶 G 的预制板上，分别用石油醚-丙酮（8:2）和石油醚-乙酸乙酯（6:4）两种溶剂系统展开，显色后观察并计算比移值。

3. 柱层析

称取 12 g 碱性 Al_2O_3，加入 30 mL 石油醚、搅拌后浸泡 10 min。在层析柱底部加入一层棉花（要尽量薄），再加入 0.5 cm 高的石英砂，然后用石油醚半充满柱子，打开底部活塞，再将浸泡好的 Al_2O_3 倒入柱内。倒时应缓慢，重复使用流下的石油醚，直到装完。用石油醚洗柱内壁，顶部加一薄层棉花，然后再加入 0.5 cm 高石英砂，关闭活塞。

将浓缩液小心地从柱顶部加入，加完后打开活塞，让液面下降到柱中砂层，关闭活塞，加几滴石油醚冲洗内壁，打开活塞，使液面下降如前，在柱顶小心加入 1.5~2 cm 高的石油醚-丙酮洗脱剂，即开始进行层析。先用约 50 mL 石油醚-丙酮（9:1）洗脱，收集洗脱液，改用约 50 mL 石油醚-丙酮（7:3）继续洗脱，收集洗脱液，最后用约 50 mL 石油醚-丙酮（1:7）洗脱，收集洗脱液，即可获得三种颜色洗脱液，分别含有胡萝卜素、叶绿素和叶黄素。

五、思考题

（1）提取和分离叶绿体中色素的关键是什么？

（2）叶绿体中有哪几种色素？滤纸条上的色素带从上到下是怎样排列的？

（3）叶绿体中的色素含量最多和扩散速度最快的是哪一种？

实验 11　大枣中多糖的提取分离

一、实验目的

（1）学习多糖的提取、分离方法及工艺。
（2）熟悉萃取、离心、蒸发、干燥等单元操作。
（3）掌握用苯酚-硫酸法鉴定多糖的方法。

二、实验原理

多糖化合物作为一种免疫调节剂，能激活免疫细胞，提高机体的免疫功能，在临床上可用于治疗恶性肿瘤、肝炎等疾病。大分子植物多糖如淀粉、纤维素等大多不溶于水，且在医药制剂中仅用作辅料成分，无特异的生物活性。具有生物活性的小分子植物多糖大多可溶于水；因其极性基团较多，故难溶于有机溶剂。

多糖的提取方法通常有以下三种。

（1）直接溶剂浸提法：该方法具有设备简单、操作方便、适用面广等优点；但具有操作时间长、对不同成分的浸提速率分辨率不高、能耗较高等缺点。

（2）索氏提取法：在有效成分提取方面曾经有过较为广泛的应用。由于基质总是浸泡在相对比较纯的溶剂中，目标成分在基质内、外的浓度梯度比较大；在回流提取时，溶液处于沸腾状态，溶液与基质间的扰动加强，减少了基质表面流体膜的扩散阻力。根据费克扩散定律，由于固体颗粒内外浓度差比较大，扩散速率较大，达到相同浓度所需时间较短，且由于每次提取液为新鲜溶剂，能提供较大的溶解能力，所以提取率较高。但索氏提取法溶剂每循环一次所需时间较长，不适合高沸点溶剂。

（3）新型提取方法：随着科学技术的发展，近年出现了一些新的提取方法和新的设备，如超声波提取、微波提取以及膜分离技术，极大地丰富了中药药用成分提取的理论。此外还有透析法、柱色谱法、分子筛分离法及中空纤维超滤法等。

根据原料及多糖的特点，可设计不同的提取工艺。本实验采用直接溶剂浸提法提取大枣多糖。

三、试剂与仪器

1. 试　剂

大枣、无水乙醇、浓硫酸、苯酚（常压蒸馏，收集 182 ℃ 馏分）、蒸馏水、铝粉。

2. 仪　器

电热恒温水浴锅、磁力搅拌器、电子天平、真空干燥箱、低速离心机、旋转蒸发仪、家用多功能粉碎机；锥形瓶、量筒、容量瓶、试管、移液管、玻璃棒、烧杯、蒸馏头。

四、实验步骤

1. 大枣多糖的提取

（1）将大枣烘干，粉碎，称取枣粉 15 g，装入 250 mL 圆底烧瓶中，并加入 200 mL 蒸馏水。

（2）开动磁力搅拌器搅拌，在 80 ℃ 恒温水浴提取 1 h。

（3）将大枣提取液离心，上清液定容于 200 mL 容量瓶中，从中移取 10 mL 于 10 mL 试管中，以备鉴定。

（4）剩余上清液于 45 ℃ 在旋转蒸发仪中减压浓缩至原提取溶液体积的 1/2，向浓缩液中边搅拌边加入无水乙醇，使溶液乙醇含量达到 70%，4 ℃ 静置 2 h 后离心分离，收集多糖沉淀，再加入 1 倍体积的无水乙醇洗涤，离心分离后将沉淀物放入 45 ℃ 真空干燥箱，干燥至恒重，得大枣粗多糖。

（5）提取率计算

$$提取率 = \frac{干燥大枣粗多糖重量}{原枣粉重量} \times 100\%$$

2. 多糖的鉴定

（1）5%苯酚溶液的配制：取苯酚 100 g，加铝粉 0.1 g 和 $NaHCO_3$ 0.05 g，蒸馏，收集 182 ℃ 馏分，称取此馏分 5 g，定容至 100 mL 后置于棕色瓶，放入冰箱备用。

（2）移取上述备用的大枣多糖提取液 3 份，每份 2.5 mL，编号 1、2、3，分别定容于 50 mL、100 mL、250 mL 容量瓶中。

（3）分别移取 1、2、3 号多糖溶液 1 mL 于 10 mL 试管中，然后依次加入 1.6 mL 5%苯酚溶液、7 mL 浓硫酸，振荡摇匀后室温冷却，观察溶液颜色变化。

五、实验结果与讨论

（1）记录实验条件、过程、各试剂用量及产品的重量，并计算大枣多糖的提取率，填表 5.3。

（2）产品为暗红色固体。

（3）观察大枣多糖鉴定过程中溶液颜色的变化，记录实验现象并填写在表 5.3 内。

表 5.3　大枣中多糖的提取与鉴定数据

组别	多糖重量	提取率		溶液颜色变化
			1	
			2	
			3	

六、思考题

（1）对实验小组间的结果进行比较，讨论影响多糖提取实验结果的因素有哪些？

（2）结合糖的性质，分析采用苯酚-硫酸法鉴定大枣多糖的原理，讨论溶液颜色与多糖含量的关系。

128

实验 12 槐花米中芸香苷的提取及槲皮素的制备与检识

一、实验目的

（1）通过芸香苷提取与精制，掌握碱溶酸沉法提取黄酮类化合物的原理及操作。

（2）掌握黄酮类化合物的主要性质，以及黄酮苷、苷元和糖部分的检识方法。

（3）掌握由芸香苷水解制取槲皮素的方法。

二、实验原理

槐花米为豆科植物槐（*Sophora japonica* L.）的干燥花蕾，主要含芸香苷（芦丁），含量高达 12% ~ 20%，水解后可生成槲皮素、葡萄糖及鼠李糖；槐花也含芸香苷，但含量比槐米少。

芸香苷（Rutoside）结构如下，分子式 $C_{27}H_{30}O_{16}$，分子量 610.51。淡黄色针状结晶，熔点 177 ~ 178 ℃，难溶于冷水（1:8 000），略溶于热水（1:200），溶于热甲醇（1:7）、冷甲醇（1:100）、热乙醇（1:30）、冷乙醇（1:650），难溶于醋酸乙酯、丙酮，不溶于苯、氯仿、乙醚、石油醚等，易溶于吡啶及稀碱液。

槲皮素（Quercetin），又称槲皮黄素，结构如下，分子式 $C_{15}H_{10}O_7$，分子量 302.23。黄色结晶，熔点 314 ℃（分解）。溶于热乙醇（1:23）、冷乙醇（1:300），可溶于甲醇、丙酮、醋酸乙酯、冰醋酸、吡啶等，不溶于石油醚、苯、乙醚、氯仿，几乎不溶于水。

芸香苷　　R= – 葡萄糖 – 鼠李糖
槲皮素　　R=H

由槐花米中提取芸香苷的方法很多，本实验根据芸香苷在冷水和热水中的溶解度差异进行提取和精制。也可根据芸香苷分子中具有酚羟基，显弱酸性，能与碱生成盐而增大溶解度，以碱水为溶剂煮沸提取，其提取液加酸酸化后则芸香苷游离析出。

三、试剂与仪器

1. 试　剂

槐花米，2% H_2SO_4 溶液，甲醇，乙醇，10% α-萘酚乙醇溶液，浓硫酸，盐酸，镁粉，1%醋酸镁甲醇溶液，1%三氯化铝乙醇溶液，2%二氯氧锆甲醇溶液，2%柠檬酸甲醇溶液，1%芸香苷对照品乙醇溶液，1%槲皮素对照品乙醇溶液，正丁醇，醋酸，1%葡萄糖对照品水溶液，1%鼠李糖对照品水溶液，三氯化铝试剂，1%三氯化铁溶液，1%铁氰化钾溶液，苯胺-邻苯二甲酸试剂。

2. 仪　器

电炉，大烧杯（1 000 mL），圆底烧瓶（500 mL），冷凝管，石棉网，试管，立式层析缸，新华层析滤纸（中速，20 cm × 7 cm），新华层析滤纸（圆形，硅胶 G-CMC-Na 薄层板，层析用喷瓶，培养皿，烘箱。

四、实验步骤

1. 芸香苷的提取（水提取法）

称取槐花米 50 g，置于 1 000 mL 烧杯中，加沸水 800 mL，加热保持微沸 1 h，趁热用脱脂棉过滤，滤渣再加 600 mL 水煮沸 1 h，趁热过滤，合并 2 次滤液，放置过夜，析出大量淡黄色沉淀，抽滤，沉淀用水洗 3 ~ 4 次，抽干置于空气中干燥，即得粗芸香苷，称重，计算得率。

2. 芸香苷的水解

称取芸香苷粗品 2 g，尽量研细，投入 500 mL 圆底烧瓶中，加 2% H_2SO_4 溶液 150 mL，接上冷凝管，加热煮沸 1.5 h，滤取沉淀物（即苷元槲皮素）。滤液保留作为糖供试品溶液以鉴定糖部分；槲皮素沉淀经水洗涤，抽干，自然干燥，称重并计算水解得率。

3. 芸香苷、槲皮素重结晶

称取芸香苷粗品 2 g，加甲醇 50 mL，加热溶解，趁热过滤，滤液浓缩至一半，放置析晶，过滤。滤液适当浓缩后放置，复析出结晶，滤取结晶。必要时结晶再用甲醇重结晶一次。

取全部槲皮素，加适量 95% 乙醇，同上法重结晶一次。

4. 芸香苷、槲皮素及糖的检识

取芸香苷、槲皮素结晶少许，分别用 8 mL 乙醇溶解，制成试样溶液，按下列方法进行实验，比较苷元和苷的反应情况。

（1）Molish 反应：取试样溶液各 2 mL，分置于两支试管中，加 10% α-萘酚乙醇溶液 1 mL，振摇后倾斜试管 45°，沿管壁滴加 1 mL 浓硫酸，静置，观察并记录两液面交界处颜色变化。

（2）盐酸-镁粉反应：取试样溶液各 2 mL，分别置于两支试管中，各加入镁粉少许，再加入盐酸数滴，观察并记录颜色变化。

（3）醋酸镁反应：取两张滤纸条，分别滴加试样溶液后，加 1% 醋酸镁甲醇溶液 2 滴，干燥后于紫外灯下观察荧光变化，并记录现象。

（4）三氯化铝反应：取两张滤纸条，分别滴加试样溶液后，加 1% 三氯化铝乙醇溶液 2 滴，干燥后于紫外灯下观察荧光变化，并记录现象。

（5）锆-柠檬酸反应：取试样溶液各 2 mL，分别置于两支试管中，各加 2% 二氯氧锆甲醇溶液 3 ~ 4 滴，观察颜色，然后加入 2% 柠檬酸甲醇溶液 3 ~ 4 滴，观察并记录颜色变化。

（6）纸色谱检识。

支持剂：新华层析滤纸（中速，20 cm × 7 cm）。

供试品溶液：自制 1%芸香苷乙醇溶液；

自制 1%槲皮素乙醇溶液。

对照品溶液：1%芸香苷对照品乙醇溶液；

1%槲皮素对照品乙醇溶液。

展开剂：正丁醇-醋酸-水（4∶1∶5上层）或 15%醋酸溶液。

显色剂：① 在可见光下观察斑点颜色，再在紫外灯下观察斑点颜色；

② 喷雾三氯化铝试剂，置日光下及紫外灯下观察并记录斑点的颜色变化。

（7）薄层色谱检识。

薄层板：硅胶 G-CMC-Na。

供试品溶液：自制 1%芸香苷乙醇溶液；

自制 1%槲皮素乙醇溶液。

对照品溶液：1%芸香苷对照品乙醇溶液；

1%槲皮素对照品乙醇溶液。

展开剂：氯仿-甲醇-甲酸（15∶5∶1）。

显色剂：喷雾 1%三氯化铁和 1%铁氰化钾水溶液，临用时等体积混合。

（8）糖的纸色谱检识。

取糖的供试液做径向纸色谱，和已知糖液进行对照，可得到与葡萄糖、鼠李糖相同 R_f 值的斑点。

支持剂：新华层析滤纸（圆形）。

供试品溶液：即上述 2.中水解后的糖供试品溶液。

对照品溶液：1%葡萄糖对照品水溶液；

1%鼠李糖对照品水溶液。

展开剂：正丁醇-醋酸-水（4∶1∶5上层）。

显色剂：喷雾苯胺-邻苯二甲酸试剂，于 105 ℃ 加热 10 min 或红外灯下加热 10 ~ 15 min，供试品溶液在与对照品溶液相对应的位置应显棕色或棕红色斑点。

五、注意事项

（1）在提取前应将槐花米略捣碎，使芸香苷易于被热水溶出。

（2）本实验直接用沸水由槐花米中提取芸香苷，得率稳定，且操作简便。如用碱溶酸沉法提取，常加入石灰乳，既可以达到碱性溶解的目的，又可除去槐花米中所含的大量黏液质，但应严格控制其碱性，以 pH 8 ~ 9 为宜，不可超过 pH 10。如 pH 过高，加热提取过程中芸香苷可被水解破坏，降低得率。加酸沉淀时，控制 pH 3 ~ 4，不宜过低，否则芸香苷可生成烊盐而溶于水，也降低得率。

六、思考题

（1）黄酮类化合物还有哪些提取方法？芸香苷的提取还可用什么方法？

（2）酸水解常用什么酸？为什么用硫酸比用盐酸水解后处理更方便？

（3）本实验中各种色谱的原理是什么？解释化合物结构与 R_f 值的关系。

实验 13　薯蓣皂苷元的提取精制

一、实验目的

（1）掌握甾体皂苷元的提取和精制方法。
（2）熟悉甾体皂苷及皂苷元的性质和鉴定方法。
（3）掌握索式提取器的使用方法。

二、实验原理

在植物体内，薯蓣皂苷元与葡萄糖、鼠李糖结合成薯蓣皂苷而存在。提取分离时，一般是先用稀酸将薯蓣皂苷水解成薯蓣皂苷元与单糖（葡萄糖、鼠李糖），反应如下。因薯蓣皂苷元不溶于水，残留在植物残渣中，故可用有机溶剂（如石油醚）从植物残渣中提取薯蓣皂苷元。

三、试剂与仪器

1. 试　剂

盾叶薯蓣（粗粉）或穿龙薯蓣（粗粉或饮片）、2%血细胞悬浮液、硫酸、碳酸钠、二氯化锑、氯化锌、磷钼酸、活性炭、石油醚（沸程 60～90 ℃）、乙酸乙酯、三氯甲烷、甲醇、冰醋酸、乙酰氯、乙酸酐、苯、乙醇。

2. 仪　器

圆底烧瓶、冷凝管、机械搅拌器、索式提取器、水浴锅、抽滤瓶、布氏漏斗、硅胶CMC-Na 板。

132

四、实验步骤

1. 实验前准备

薯蓣植物根茎的预发酵:称取盾叶薯蓣或穿山薯蓣粗粉 50 g,置于 1 000 mL 圆底烧瓶中,加入 200 mL 水,摇匀,在 35 ℃ 下发酵 48 h。

2. 薯蓣皂苷元的提取

预发酵完毕后,向发酵液中加入 200 mL 3 mol/L 盐酸,安装冷凝管和机械搅拌器,加热回流 4 h,稍冷后抽滤,药渣用碳酸钠水溶液(10%)洗至中性,水洗数次,过滤。滤渣研碎,低温(不超过 80 ℃)干燥 12 h。取出后再研成细粉,装入滤纸筒后置于索氏提取器中,用石油醚(沸程 60 ~ 90 ℃)600 mL,在水浴上连续回流提取 4 ~ 6 h。石油醚提取液在水浴上常压回收至 20 ~ 25 mL 时停止,将浓缩液用吸管转入 100 mL 小锥形瓶中,充分冷却,析出结晶,抽滤,固体用少量新鲜石油醚洗涤 2 次,抽滤,干燥,即得薯蓣皂苷元粗品。

3. 薯蓣皂苷元的精制

将所得粗品置于 100 mL 圆底烧瓶中,用 40 ~ 60 mL 乙醇于水浴上加热溶解(外观颜色深时可加 1% ~ 2% 活性炭脱色),趁热抽滤,用少量乙醇洗涤滤渣。滤液放置,析出白色针状结晶。收集结晶,烘干,得薯蓣皂苷元精品,测其熔点。

4. 薯蓣皂苷与皂苷元的鉴定

(1)薯蓣皂苷的鉴定。

① 泡沫试验:取穿山薯蓣的水浸出液 2 mL 置于小试管中,用力振摇 1 min,能产生多量泡沫且在 10 min 内泡沫没有显著消失。另取试管 2 支,各加入穿山薯蓣水浸出液 1 mL,分别向 2 支试管内加入 5 mL 0.1 mol/L 氢氧化钠溶液和 2 mL 0.1 mol/L 盐酸,将两管塞紧,用力振摇 1 min。观察两管出现泡沫的情况。

② 溶血试验:取洁净试管 2 支,其中一支加入蒸馏水 0.5 mL(对照管),另一支加入穿山薯蓣的水浸液 0.5 mL,然后分别加入 0.5 mL 0.8% 氯化钠水溶液,摇匀,再加入 1 mL 2% 红细胞悬浮液,充分摇匀,观察溶血现象。如果试管中溶液为透明的鲜红色,管底无红色沉淀物,则全部溶血;如果试管中溶液为透明但无色,管底沉着大量红细胞,振摇立即发生浑浊,说明未溶血。

(2)皂苷元的鉴定。

① 磷钼酸试验:将薯蓣皂苷元重结晶的母液点于滤纸片或硅胶薄层板上,点加磷钼酸试剂,略加热,观察颜色变化,并与空白对照。

② 三氯乙酸试验:取少量薯蓣皂苷元结晶,置于干燥试管中,加等量固体三氯乙酸,放在 60 ~ 70 ℃ 恒温水浴中加热,几分钟后发生颜色变化为由红→紫色。继续加热试管至 100 ℃,观察变化情况。

③ 乙酸酐-浓硫酸试验:取少量薯蓣皂苷元结晶,置于白色点滴板上,加乙酸酐-浓硫酸试剂 2 ~ 3 滴,观察颜色由红→紫→蓝,放置后变污绿色。

④ 三氯甲烷-浓硫酸试验:取少量薯蓣皂苷元结晶,置于试管中,加入 1 mL 三氯甲烷使

其溶解，沿管壁加入 1 mL 浓硫酸后，三氯甲烷层应呈红色或蓝色，硫酸层可呈现绿色荧光。

（3）薄层鉴定。

吸附剂：硅胶 G-CMC-Na 薄层板。

供试品溶液：薯蓣皂苷元粗品乙醇重结晶母液，1%薯蓣皂苷元精制品乙醇溶液。

对照品溶液：1%薯蓣皂苷元标准品乙醇溶液。

展开剂：石油醚-乙酸乙酯（7:3）。

显色剂：5% 磷钼酸乙醇溶液，喷雾后加热，观察蓝色斑点。25% 三氯化锑三氯甲烷试剂，喷后 90 ℃ 通风加热 10 min，观察紫红色斑点。

（4）薯蓣皂苷元的紫外吸收光谱的测定。

取样品 5 mg，加入浓 H_2SO_4 10 mL，在 40 ℃ 水浴上加热 1 h，放冷，测定。薯蓣皂苷元应有以下最大吸收峰：λ_{max}（最大吸收峰的波长）= 271 nm，$\lg\varepsilon$（主要吸收带的强度）=3.99；λ_{max} = 415 nm，$\lg\varepsilon$ = 4.06；λ_{max} = 514 nm，$\lg\varepsilon$ = 3.64。

五、思考题

（1）甾体皂苷可用哪些反应进行鉴定？

（2）试设计一个从穿山薯蓣中提取薯蓣皂苷的工艺流程，并说明提取、分离的原理。

（3）使用石油醚作为提取溶剂时，操作中应注意哪些事项？

实验 14 果胶的提取分离及精制

一、实验目的

（1）学习从果皮中提取果胶的基本原理和方法，了解果胶的一般性质。
（2）掌握提取有机物的原理和方法。
（3）进一步熟悉萃取、蒸馏、升华等基本操作。

二、实验原理

果胶是一种高分子聚合物，存在于植物组织内，一般以原果胶、果胶酯酸和果胶酸 3 种形式存在于各种植物的果实、果皮以及根、茎、叶的组织中。果胶为白色、浅黄色到黄色的粉末，有非常好的特殊水果香味，无异味，无固定熔点和溶解度，不溶于乙醇、甲醇等有机溶剂。粉末果胶溶于 20 倍水中形成黏稠状透明胶体，胶体的等电点为 3.5。果胶的主要成分为多聚 D-半乳糖醛酸，各醛酸单位间经 α-1,4 糖苷键连接，具体结构如下。

果胶的结构

在植物体中，果胶一般以不溶于水的原果胶形式存在。在果实成熟过程中，原果胶在果胶酶的作用下逐渐分解为可溶性果胶，最后分解成不溶于水的果胶酸。在生产果胶时，原料经酸、碱或果胶酶处理，在一定条件下分解，形成可溶性果胶，然后在果胶液中加入乙醇或多价金属盐类，使果胶沉淀析出，经漂洗、干燥、精制而生成产品。

三、试剂与仪器

1. 试 剂

干柑橘皮、稀盐酸、95%乙醇（分析纯）等。

2. 仪 器

恒温水浴锅、真空干燥箱、布氏漏斗、抽滤瓶、玻璃棒、纱布、表面皿、精密 pH 试纸、烧杯、电子天平、小刀、小剪刀、真空泵。

四、实验步骤

1. 柑橘皮的预处理

称取干柑橘皮 20g，将其浸泡在温水中（60~70 ℃）约 30 min，使其充分吸水软化，并除掉可溶性糖、有机酸、苦味和色素等；把柑橘皮沥干，浸入沸水 5 min 进行灭酶，防止果胶分解；然后用小剪刀将柑橘皮剪成 2~3 mm 的颗粒；再将剪碎的柑橘皮置于流水中漂洗，进一步除去色素、苦味和糖分等，漂洗至沥液近无色为止，最后甩干。

2. 酸提取

根据果胶在稀酸下加热可以变成水溶性果胶的原理，把已处理好的柑橘皮放入约 100 mL 水中，控制温度，用稀盐酸（10%）调整 pH 3.5 进行提取，过滤得果胶提取液。

3. 脱色

将提取液装入 250 mL 的烧杯中，加入脱色剂活性炭（0.5%），适当加热并搅拌 20 min，然后过滤除掉脱色剂。

4. 真空浓缩

将滤液于沸水浴中浓缩至原溶液体积的 10% 为止，以减少乙醇用量。

5. 乙醇沉淀

将浓缩液用适量（约为浓缩后滤液体积的 3 倍）的 95% 乙醇沉淀约 30 min，减压过滤后用稀乙醇洗涤，然后用水洗涤，得果胶。

6. 真空干燥

将所得的果胶置于表面皿内，放在真空干燥箱里，调温至 50 ℃ 左右，真空干燥约 12 h，取出并称量所得产品。

五、数据处理

计算产品的质量，理论产量及产率。

六、注意事项

（1）步骤 1 中在温水浸泡柑橘皮，其水温不宜过高。
（2）步骤 2 中，要控制好 pH，不能太低，否则会影响产率。

七、思考题

（1）除了本实验探索的因素外，还有哪些因素也可能影响果胶的提取？
（2）脱色时除了使用活性炭，还可以使用哪些吸附剂？
（3）沉淀果胶时，除使用乙醇外，还有哪些方法？

实验 15　黄连中小檗碱的提取和鉴定

（设 计 性 实 验）

一、实验目的

（1）通过查阅资料并结合所学知识，了解并完成实验方案的设计方法及过程。

（2）通过对黄连中小檗碱的提取，掌握天然产物的提取技术。

（3）通过对小檗碱的鉴定，掌握一般生物碱的鉴别方法。

二、实验条件

1. 试　剂

黄连粉，95%的乙醇，浓 HCl、蒸馏水、碘化铋钾试液、碘-碘化钾试液、硅钨酸试液等。

2. 仪　器

圆底烧瓶（100 mL）、冷凝管、烧杯（50 mL、100 mL 各 1 只），量筒（10 mL、25 mL 各 1 个），铁架台（1 个）、漏斗（1 个）、滤纸若干、滴管（1 个）、蒸发皿、小试管（3 支）等。

三、实验任务及要求

1. 文献检索

查阅小檗碱的理化性质，主要用途，各种提取、鉴定方法以及涉及的原料、中间产物的文献资料。根据文献资料撰写文献报告。

2. 拟订初步的实验方案

（1）设计并采用适宜的方法对黄连中小檗碱进行提取、分离、纯化，收集产品。采用适宜的方法对产品进行分析和鉴定。

（2）写出两种分离方法的实验原理。

3. 实验方案讨论及实施

向实验指导教师递交文献分析报告及初步实验操作方案，与指导教师讨论并确定选择的制备方法，进一步完善具体的实验操作步骤及注意事项。

4. 实验结果的总结与评价

完成实验，撰写实验报告，并对自己的制备实验过程及结果做出全面的总结评价。完成本实验后，需要提交以下文件或实物：

（1）文献报告修改稿。

（2）实验方案。
（3）实验记录。
（4）实验总结报告。

实验 16　茶叶中茶多酚的提取
（设计性实验）

一、实验目的

（1）了解并完成实验方案的设计方法及过程。

（2）熟悉文献检索与应用。

（3）熟悉萃取、蒸馏、升华等的基本操作。

（4）掌握从茶叶中提取咖啡因的基本原理和方法。

二、实验条件

1. 试　剂

茶叶、乙醇、三氯甲烷、生石灰等。

2. 仪　器

可见分光光度计、冷凝管、烧杯、圆底烧瓶、电炉、石棉网、漏斗、滤纸、铁架台（带铁圈、铁夹）等。

三、实验任务及要求

1. 文献检索

查阅与茶多酚的理化性质、主要用途、各种制备方法以及涉及的原料、中间产物的文献资料。根据文献资料撰写文献报告。

2. 拟订初步的实验方案

设计或优选适当的制备方法，制订详细的实验操作方案，并写明实验原理。

3. 实验方案讨论及实施

向实验指导教师递交文献分析报告及初步实验操作方案，与指导教师讨论并确定选择的制备方法，进一步完善具体的实验操作步骤及注意事项。

4. 实验结果的总结与评价

完成实验过程，撰写实验报告，并对自己的制备实验过程及结果做出全面的总结评价。完成本实验后，需要提交以下文件或实物：

（1）文献报告修改稿。

（2）实验方案。

（3）实验记录。

（4）实验总结报告。

实验 17　不同方法分离纯化山楂提取物中总黄酮

（设计性实验）

一、实验目的

（1）通过查阅资料并结合所学知识，了解并完成实验方案的设计方法及过程。

（2）熟悉黄酮类化合物的理化性质。

（3）掌握 pH 梯度萃取法、色谱法等分离、纯化黄酮类物质的原理、方法。

（4）掌握以芦丁为标准品，用分光光度法测定总黄酮含量的方法。

二、实验条件

1. 试　剂

山楂叶提取物、芦丁标准品、95%乙醇、亚硝酸钠、硝酸铝、氢氧化钠、珤三氯化铝、盐酸等。

2. 仪　器

紫外-可见分光光度计、层析柱（2 cm×25 cm）、分液漏斗、真空抽滤装置、旋转蒸发仪、烧杯、圆底烧瓶等。

三、实验任务及要求

1. 文献检索

查阅与黄酮类化合物的理化性质、主要用途、各种制备方法以及涉及的原料、中间产物的文献资料。根据文献资料撰写文献报告。

2. 拟订初步的实验方案

分别设计并采用两种方法对山楂提取物中的总黄酮进行分离、纯化，收集产品。用分光光度法分别测定山楂提取物和两种分离纯化方法所得产品中总黄酮的含量及得率。写明实验原理。

3. 实验方案讨论及实施

向实验指导教师递交文献分析报告及初步实验操作方案，与指导教师讨论并确定选择的制备方法，进一步完善具体的实验操作步骤及注意事项。

4. 实验结果的总结与评价

完成实验过程，撰写实验报告，并对自己的制备实验过程及结果做出全面的总结评价。

完成本实验后，需要提交以下文件或实物：

（1）文献报告修改稿。

（2）实验方案。

（3）实验记录。

（4）实验总结报告。

附　录

附录 A　化学试剂的种类和分级

化学试剂的种类很多，世界各国对化学试剂的分类和分级的标准不尽一致。IUPAC 对化学标准物质的分类为：

A 级：原子量标准。

B 级：和 A 级最接近的基准物质。

C 级：含量为 100% ± 0.02% 的标准试剂。

D 级：含量为 100% ± 0.05% 的标准试剂。

E 级：以 C 级或 D 级为标准，对比测定得到的纯度的试剂。

化学试剂按用途可分为标准试剂、一般试剂、生化试剂等。

我国习惯将相当于 IUPAC C 级、D 级的试剂称为标准试剂。

优级纯、分析纯、化学纯是一般试剂的中文名称。

一级：即优级纯（GR），标签为深绿色，用于精密分析实验。

二级：即分析纯（AR），标签为金光红，用于一般分析实验。

三级：即化学纯（CP），标签为中蓝，用于一般化学实验。

附录 B 常用有机溶剂的物理常数

表 B.1 常用有机溶剂的物理常数

溶剂	物理常数						
	m.p.	b.p.	D_4^{20}	n_D^{20}	ε	R_D	μ
Acetic acid 乙酸	17	118	1.049	1.3716	6.15	12.9	1.68
Acetone 丙酮	−95	56	0.788	1.3587	20.7	16.2	2.85
Acetonitrile 乙腈	−44	82	0.782	1.3441	37.5	11.1	3.45
Anisole 苯甲醚	−3	154	0.994	1.5170	4.33	33	1.38
Benzene 苯	5	80	0.879	1.5011	2.27	26.2	0.00
Bromobenzene 溴苯	−31	156	1.495	1.5580	5.17	33.7	1.55
Carbon disulfide 二硫化碳	−112	46	1.274	1.6295	2.6	21.3	0.00
Carbon tetrachloride 四氯化碳	−23	77	1.594	1.4601	2.24	25.8	0.00
Chlorobenzene 氯苯	−46	132	1.106	1.5248	5.62	31.2	1.54
Chloroform 氯仿	−64	61	1.489	1.4458	4.81	21	1.15
Cyclohexane 环己烷	6	81	0.778	1.4262	2.02	27.7	0.00
Dibutyl ether 丁醚	−98	142	0.769	1.3992	3.1	40.8	1.18
o-Dichlorobenzene 邻二氯苯	−17	181	1.306	1.5514	9.93	35.9	2.27
1, 2-Dichloroethane 1, 2-二氯乙烷	−36	84	1.253	1.4448	10.36	21	1.86
Dichloromethane 二氯乙烷	−95	40	1.326	1.4241	8.93	16	1.55
Diethylamide 二乙胺	−50	56	0.707	1.3864	3.6	24.3	0.92
Diethyl ether 乙醚	−117	35	0.713	1.3524	4.33	22.1	1.30
1, 2-Dimethoxyethane 1, 2-二甲氧基乙烷	−68	85	0.863	1.3796	7.2	24.1	1.71
N, N-Dimethylacetamide N, N-二甲基乙酰胺	−20	166	0.937	1.4384	37.8	24.2	3.72
N, N -Dimethylformamide N, N -二甲基甲酰胺	−60	152	0.945	1.4305	36.7	19.9	3.86
Dimethyl sulfoxide 二甲基亚砜	19	189	1.096	1.4783	46.7	20.1	3.90
1, 4-Dioxane 1, 4-二氧六环	12	101	1.034	1.4224	2.25	21.6	0.45
Ethanol 乙醇	−114	78	0.789	1.3614	24.5	12.8	1.69
Ethyl acetate 乙酸乙酯	−84	77	0.901	1.3724	6.02	22.3	1.88
Ethyl benzoate 苯甲酸乙酯	−35	213	1.050	1.5052	6.02	42.5	2.00
Formamide 甲酰胺	3	211	1.133	1.4475	111.0	10.6	3.37
Hexamethylphosphoramide	7	235	1.027	1.4588	30.0	47.7	5.54
Isopropyl alcohol 异丙醇	−90	82	0.786	1.3772	17.9	17.5	1.66
Isopropyl ether 异丙醚	−60	68		1.36			
Methanol 甲醇	−98	65	0.791	1.3284	32.7	8.2	1.70
2-Methyl-2-propanol 2-甲基-2-丙醇	26	82	0.786	1.3877	10.9	22.2	1.66

溶 剂	物理常数						
	m.p.	b.p.	D_4^{20}	n_D^{20}	ε	R_D	μ
Nitrobenzene 硝基苯	6	211	1.204	1.5562	34.82	32.7	4.02
Nitromethane 硝基甲烷	−28	101	1.137	1.3817	35.87	12.5	3.54
Pyridine 吡啶	−42	115	0.983	1.5102	12.4	24.1	2.37
Tert-butyl alcohol 叔丁醇	25.5	82.5		1.3878			
Tetrahydrofuran 四氢呋喃	−109	66	0.888	1.4072	7.58	19.9	1.75
Toluene 甲苯	−95	111	0.867	1.4969	2.38	31.1	0.43
Trichloroethylene 三氯乙烯	−86	87	1.465	1.4767	3.4	25.5	0.81
Triethylamine 三乙胺	−115	90	0.726	1.4010	2.42	33.1	0.87
Trifluoroacetic acid 三氟乙酸	−15	72	1.489	1.2850	8.55	13.7	2.26
2, 2, 2-Trifluoroethanol 2, 2, 2-三氟乙醇	−44	77	1.384	1.2910	8.55	12.4	2.52
Water 水	0	100	0.998	1.3330	80.1	3.7	1.82
o-Xylene 邻二甲苯	−25	144	0.880	1.5054	2.57	35.8	0.62

注：m.p.—熔点，b.p.—沸点，D—密度，n_D—折射率，ε—介电常数，R_D—摩尔折射率，μ—偶极矩。

附录 C 常用缓冲溶液的配制

1. 甘氨酸–盐酸缓冲液（0.05 mol/L）

x mL 0.2 mol/L 甘氨酸 + y mL 0.2 mol/L HCl，再加水稀释至 200 mL。

pH	x	y	pH	x	y
2.2	50	44.0	3.0	50	11.4
2.4	50	32.4	3.2	50	8.2
2.6	50	24.2	3.4	50	6.4
2.8	50	16.8	3.6	50	5.0

注：M(甘氨酸) = 75.07；0.2 mol/L 甘氨酸溶液的质量浓度为 15.01 g/L。

2. 邻苯二甲酸–盐酸缓冲液（0.05 mol/L）

x mL 0.2 mol/L 邻苯二甲酸氢钾 + y mL 0.2 mol/L HCl，再加水稀释至 20 mL。

pH（20 ℃）	x	y	pH（20 ℃）	x	y
2.2	5	4.670	3.2	5	1.470
2.4	5	3.960	3.4	5	0.990
2.6	5	3.295	2.6	5	0.597
2.8	5	2.642	3.8	5	0.263
3.0	5	2.032			

注：M(邻苯二甲酸氢钾) = 204.23；0.2 mol/L 邻苯二甲酸氢钾溶液的质量浓度为 40.85 g/L。

3. 磷酸二氢钾–氢氧化钠缓冲液（0.05 mol/L）

x mL 0.2 mol/L KH_2PO_4 + y mL 0.2 mol/L NaOH，加水稀释至 20 mL。

pH（20 ℃）	x	y	pH（20 ℃）	x	y
5.8	5	0.372	7.0	5	2.963
6.0	5	0.570	7.2	5	3.500
6.2	5	0.860	7.4	5	3.950
6.4	5	1.260	7.6	5	4.280
6.6	5	1.780	7.8	5	4.520
6.8	5	2.365	8.0	5	4.680

4. 磷酸氢二钠–柠檬酸缓冲液

pH	0.2 mol/L Na$_2$HPO$_4$ 用量/mL	0.1 mol/L 柠檬酸用量/mL	pH	0.2 mol/L Na$_2$HPO$_4$ 用量/mL	0.1 mol/L 柠檬酸用量/mL
2.2	0.40	19.60	5.2	10.72	9.28
2.4	1.24	18.76	5.4	11.15	8.85
2.6	2.18	17.82	5.6	11.60	8.40
2.8	3.17	16.83	5.8	12.09	7.91
3.0	4.11	15.89	6.0	12.63	7.37
3.2	4.94	15.06	6.2	13.22	6.78
3.4	5.70	14.30	6.4	13.85	6.15
3.6	6.44	13.56	6.6	14.55	5.45
3.8	7.10	12.90	6.8	15.45	4.55
4.0	7.71	12.29	7.0	16.47	3.53
4.2	8.28	11.72	7.2	17.39	2.61
4.4	8.82	11.18	7.4	18.17	1.83
4.6	9.35	10.65	7.6	18.73	1.27
4.8	9.86	10.14	7.8	19.15	0.85
5.0	10.30	9.70	8.0	19.45	0.55

注：① $M(Na_2HPO_4) = 141.98$，$M(Na_2HPO_4 \cdot 2H_2O) = 178.05$，$M(Na_2HPO_4 \cdot 12H_2O) = 358.22$；0.2 mol/L 溶液的质量浓度为 28.40 g/L。

② $M(C_6H_8O_7 \cdot H_2O) = 210.14$；0.1 mol/L 溶液的质量浓度为 21.01 g/L。

5. 醋酸–醋酸钠缓冲液（0.2 mol/L）

pH（18 ℃）	0.2 mol/L NaAc 用量/mL	0.2 mol/L HAc 用量/mL	pH（18 ℃）	0.2 mol/L NaAc 用量/mL	0.2 mol/L HAc 用量/mL
3.6	0.75	9.35	4.8	5.90	4.10
3.8	1.20	8.80	5.0	7.00	3.00
4.0	1.80	8.20	5.2	7.90	2.10
4.2	2.65	7.35	5.4	8.60	1.40
4.4	3.70	6.30	5.6	9.10	0.90
4.6	4.90	5.10	5.8	6.40	0.60

注：① $M(NaAc \cdot 3H_2O) = 136.09$；0.2 mol/L 溶液的质量浓度为 27.22 g/L。

② 冰乙酸 11.8 mL 稀释至 1 L（需标定）。

6. 柠檬酸–柠檬酸钠缓冲液（0.1 mol/L）

pH	0.1 mol/L 柠檬酸用量/mL	0.1 mol/L 柠檬酸钠用量/mL	pH	0.1 mol/L 柠檬酸用量/mL	0.1 mol/L 柠檬酸钠用量/mL
3.0	18.6	1.4	5.0	8.2	11.8
3.2	17.2	2.8	5.2	7.3	12.7
3.4	16.0	4.0	5.4	6.4	13.6
3.6	14.9	5.1	5.6	5.5	14.5
3.8	14.0	6.0	5.8	4.7	15.3
4.0	13.1	6.9	6.0	3.8	16.2
4.2	12.3	7.7	6.2	2.8	17.2
4.4	11.4	8.6	6.4	2.0	18.0
4.6	10.3	9.7	6.6	1.4	18.6
4.8	9.2	10.8			

注：① 柠檬酸：$M(C_6H_8O_7 \cdot H_2O) = 210.14$；0.1 mol/L 溶液的质量浓度为 21.01 g/L。

② 柠檬酸钠：$M(Na_3C_6H_5O_7 \cdot 2H_2O) = 294.12$；0.1 mol/L 溶液的质量浓度为 29.41 g/L。

7. 磷酸盐（磷酸氢二钠-磷酸二氢钠）缓冲液（0.2 mol/L）

pH	0.2 mol/L Na₂HPO₄用量/mL	0.2 mol/L NaH₂PO₄用量/mL	pH	0.2 mol/L Na₂HPO₄用量/mL	0.2 mol/L NaH₂PO₄用量/mL
5.8	8.0	92.0	7.0	61.0	39.0
5.9	10.0	90.0	7.1	67.0	33.0
6.0	12.3	87.7	7.2	72.0	28.0
6.1	15.0	85.0	7.3	77.0	23.0
6.2	18.5	81.5	7.4	81.0	19.0
6.3	22.5	77.5	7.5	84.0	16.0
6.4	26.5	73.5	7.6	87.0	13.0
6.5	31.5	68.5	7.7	89.5	10.5
6.6	37.5	62.5	7.8	91.5	8.5
6.7	43.5	56.5	7.9	93.0	7.0
6.8	49.0	51.0	8.0	94.7	5.3
6.9	55.0	45.0			

注：① $M(\text{Na}_2\text{HPO}_4 \cdot 2\text{H}_2\text{O}) = 178.05$；0.2 mol/L 溶液的质量浓度为 35.61 g/L。
② $M(\text{NaH}_2\text{PO}_4 \cdot \text{H}_2\text{O}) = 138.01$，$M(\text{NaH}_2\text{PO}_4 \cdot 2\text{H}_2\text{O}) = 156.03$，$M(\text{Na}_2\text{HPO}_4 \cdot 12\text{H}_2\text{O}) = 358.22$；0.2 mol/L 溶液的质量浓度为 71.64 g/L。

8. 巴比妥钠-盐酸缓冲液

pH（18 ℃）	0.04 mol/L 巴比妥钠用量/mL	0.2 mol/L HCl用量/mL	pH（18 ℃）	0.04 mol/L 巴比妥钠用量/mL	0.2 mol/L HCl用量/mL
6.8	100	18.4	8.4	100	5.21
7.0	100	17.8	8.6	100	3.82
7.2	100	16.7	8.8	100	2.52
7.4	100	15.3	9.0	100	1.65
7.6	100	13.4	9.2	100	1.13
7.8	100	11.47	9.4	100	0.70
8.0	100	9.39	9.6	100	0.35
8.2	100	7.21			

注：$M(\text{巴比妥钠}) = 206.18$；0.04 mol/L 溶液的质量浓度为 8.25 g/L。

9. Tris–HCl 缓冲液（0.05 mol/L）

50 mL 0.1 mol/L 三羟甲基氨基甲烷（Tris）溶液与 x mL 0.1 mol/L 盐酸混匀后，加水稀释至 100 mL。

pH（25 ℃）	x	pH（25 ℃）	x
7.10	45.7	8.10	26.2
7.20	44.7	8.20	22.9
7.30	43.4	8.30	19.9
7.40	42.0	8.40	17.2
7.50	40.3	8.50	14.7
7.60	38.5	8.60	12.4
7.70	36.6	8.70	10.3
7.80	34.5	8.80	8.5
7.90	32.0	8.90	7.0
8.00	29.2		

注：① $M(\text{Tris}) = 121.14$；0.1 mol/L 溶液的质量浓度为 12.114 g/L。
② Tris 溶液可从空气中吸收二氧化碳，使用时注意将瓶盖严。

10. 硼酸–硼砂缓冲液（0.2 mol/L 硼酸根）

pH	0.05 mol/L 硼砂用量/mL	0.2 mol/L 硼酸用量/mL	pH	0.05 mol/L 硼砂用量/mL	0.2 mol/L 硼酸用量/mL
7.4	1.0	9.0	8.2	3.5	6.5
7.6	1.5	8.5	8.4	4.5	5.5
7.8	2.0	8.0	8.7	6.0	4.0
8.0	3.0	7.0	9.0	8.0	2.0

注：① 硼砂：$M(\text{Na}_2\text{B}_4\text{O}_7 \cdot 10\text{H}_2\text{O}) = 381.43$；0.05 mol/L 溶液（含 0.2 mol/L 硼酸根）的质量浓度为 19.07 g/L。
② 硼酸：$M(\text{H}_3\text{BO}_3) = 61.84$；0.2 mol/L 溶液的质量浓度为 12.37 g/L。
③ 硼砂易失结晶水，须在带塞的瓶中保存。

11. 甘氨酸–氢氧化钠缓冲液（0.05 mol/L）

x mL 0.2 mol/L 甘氨酸 + y mL 0.2 mol/L NaOH，加水稀释至 200 mL。

pH	x	y	pH	x	y
8.6	50	4.0	9.6	50	22.4
8.8	50	6.0	9.8	50	27.2
9.0	50	8.8	10	50	32.0
9.2	50	12.0	10.4	50	38.6
9.4	50	16.8	10.6	50	45.5

注：① $M(\text{甘氨酸}) = 75.07$；0.2 mol/L 溶液的质量浓度为 15.01 g/L。

12. 碳酸钠–碳酸氢钠缓冲液（0.1 mol/L）（此缓冲液在 Ca^{2+}、Mg^{2+}存在时不得使用）

pH		0.1 mol/L Na$_2$CO$_3$ 用量/mL	0.1 mol/L NaHCO$_3$ 用量/mL
20 °C	37 °C		
9.16	8.77	1	9
9.40	9.22	2	8
9.51	9.40	3	7
9.78	9.50	4	6
9.90	9.72	5	5
10.14	9.90	6	4
10.28	10.08	7	3
10.53	10.28	8	2
10.83	10.57	9	1

注：① $M(Na_2CO_3 \cdot 10H_2O) = 286.2$；0.1 mol/L 溶液的质量浓度为 28.62 g/L。
　　② $M(NaHCO_3) = 84.0$；0.1 mol/L 溶液为 8.40 g/L。

13. 硼砂–氢氧化钠缓冲液（0.05 mol/L 硼酸根）

x mL 0.05 mol/L 硼砂 + y mL 0.2 mol/L NaOH，加水稀释至 200 mL。

pH	x	y	pH	x	y
9.3	50	6.0	9.8	50	34.0
9.4	50	11.0	10.0	50	43.0
9.6	50	23.0	10.1	50	46.0

注：① $M(Na_2B_4O_7 \cdot 10H_2O) = 381.43$；0.05 mol/L 硼砂溶液（含 0.2 mol/L 硼酸根）的质量浓度为 19.07 g/L。

参考文献

[1] 李淑芬，白鹏．制药分离工程[M]．北京：化学工业出版社，2014．

[2] 周志高，初玉霞．有机化学实验[M]．4 版．北京：化学工业出版社，2014．

[3] 孙铁民．药物化学[M]．北京：人民卫生出版社，2014．

[4] 元英进．制药工艺学[M]．北京：化学工业出版社，2014．

[5] 王志祥．化工原理[M]．北京：人民卫生出版社，2014．

[6] 刘叶青．生物分离工程实验[M]．2 版．北京：高等教育出版社，2014．

[7] 吴梧桐．生物制药工艺学[M]．北京：中国医药科技出版社，2013．

[8] 高向东．生物制药工艺学实验与指导[M]．北京：中国医药科技出版社，2008．

[9] 陈蔚青．基因工程实验[M]．杭州：浙江大学出版社，2014．

[10] 宋航．制药工程专业实验[M]．4 版．北京：化学工业出版社，2010．

[11] 吴立军．天然药物化学[M]．6 版．北京：人民卫生出版社，2011．

[12] 吴立军．天然药物化学实验指导[M]．3 版．北京：人民卫生出版社，2011．

[13] 国家药典委员会．中华人民共和国药典[M]．北京：中国医药科技出版社，2010．

[14] 郭力，肖崇厚．中药化学实验[M]．北京：科学出版社，2008．

[15] 范国荣．药物分析实验指导[M]．北京：人民卫生出版社，2011．

[16] 陈虹，颜杰．化工专业实验[M]．重庆：重庆大学出版社，2011．

[17] 张爱华，王云庆．生化分离技术[M]．北京：化学工业出版社，2012．

[18] 崔福德．药剂学[M]．北京：人民卫生出版社，2011．